Collana Leonardo

*A Fabiola,*
*con amore finito,*
*ma sempre crescente*

Lucio Lombardo Radice

# L'infinito

Editori Riuniti
university press

I ristampa ottobre 2022

I edizione in questa nuova collana maggio 2014



ISBN 978 88 6473 142 1

Il presente testo riprende l'edizione del 1984 nella collana «libri di base» progettata e diretta da Tullio De Mauro

# INDICE


7 *Parte prima. Un infinito in atto non può essere pensato*

8 1. O l'infinito potenziale...
13 2. ... o Dio, l'infinito assoluto

19 *Parte seconda. Gli infiniti in atto non possono essere pensati*

20 1. Dall'infinitesimo di Democrito al mistero delle dimostrazioni di Archimede
29 2. La nuova scienza ha bisogno dell'infinito in atto

37 *Parte terza. I primi paradossi dell'infinito*

38 1. I paradossi dell'infinito potenziale: Achille non raggiunge mai la tartaruga
42 2. Il primo paradosso dell'infinito attuale: una parte non può essere «uguale» al tutto

49 *Parte quarta. Georg Cantor scopre, misura e classifica il transfinito*

50 1. I numeri cardinali infiniti
60 2. L'insieme di tutti i numeri naturali è solo l'infinito attuale piú piccolo
68 3. Una prima scala di infiniti di potenza via via crescente
72 4. Una seconda scala infinita di infiniti: gli ordinali transfiniti
80 5. Critica della critica della ragion pura

83 *Parte quinta. Le antinomie. La crisi dei fondamenti*

84 1. Russell scrive a Frege: «Ho incontrato una difficoltà»
88 2. Le «classi totali» sono inconsistenti
92 3. La Biblioteca di Babele e il paradosso di Richard

97 *Parte sesta. Non antinomie ma dimostrazioni per assurdo*
98 1. Esistono classi al di là degli insiemi
105 2. Su di un linguaggio si parla in un altro linguaggio. Dalla Biblioteca di Babele alla Biblioteca di Cantor
114 3. Costruibile e pensabile

121 *Appendici*
123 I. Dio: un presente o un futuro?
132 II. Osservazioni critiche sui metodi dialettico-materialistico e storico-materialistico

139 **Indice dei termini definiti**

141 **Indice dei nomi**

143 **Altre letture**

## Parte prima

Un infinito in atto non può essere pensato

Sicché il numero è infinito in potenza, ma non in atto.
[...] questo nostro discorso non intende sopprimere per nulla le ricerche dei matematici per il fatto che esso esclude che l'infinito per accrescimento sia tale da poter essere percorso in atto. In realtà essi stessi [cioè: i matematici], allo stato presente, non sentono il bisogno dell'infinito (e in realtà non se ne servono), ma soltanto di una quantità grande quanto essi vogliono, ma pur sempre finita [...].

*Aristotele*

# 1. O L'INFINITO POTENZIALE...

«Mio padre ed io giungemmo all'Accademia quando il presidente Maust stava cominciando l'appello dei partecipanti alla *gara mondiale di matematica* [...]. "Uno, due, tre, quattro, cinque...".

«Nella sala si udiva solamente la voce dei gareggianti. Alle diciassette circa avevano oltrepassato il ventesimo migliaio [...]. Alle venti, i superstiti erano sette "... 36747, 36748, 36749, 36750, ...". Alle ventuno, Pombo accese i lampioni. "... 40719, 40720, 40721, ...".

«Alle ventidue precise avvenne il primo colpo di scena: l'algebrista Pull scattò: "Un miliardo". Un *oh* di meraviglia coronò l'inattesa sortita; si restò tutti con il fiato sospeso. Binacchi, un italiano, aggiunse issofatto: "Un miliardo di miliardi di miliardi".

«Nella sala scoppiò un applauso, subito represso dal presidente. Mio padre guardò intorno con superiorità [...] e cominciò: "Un miliardo di miliardi di miliardi di miliardi di miliardi di miliardi di miliardi di miliardi di miliardi di miliardi di miliardi, di miliardi di miliardi di miliardi di miliardi di miliardi di miliardi...". La folla delirava: "Evviva, evviva...". "...di miliardi di miliardi di miliardi di miliardi di miliardi di miliardi...". Il presidente Maust, pallidissimo, mormorava a mio padre, tirandolo per le falde della palandrana: "Basta, basta, vi farà male". Mio padre seguitava fieramente: "...di miliardi di miliardi di miliardi di miliardi!". A poco a poco la sua voce si smorzò, l'ultimo fievole *di miliardi* gli uscí dalle labbra come un sospiro, indi si abbatté sfinito sulla sedia. Il principe Ottone gli si avvicinò, e stava per appuntargli la medaglia sul petto, quando Gianni Binacchi urlò: "Piú uno!".

«La folla precipitatasi nell'emiciclo portò in trionfo Gianni Binacchi. Quando tornammo a casa, mia madre ci aspettava ansiosa sulla porta. Pioveva. Il babbo, appena sceso dalla diligenza, le si gettò tra le braccia singhiozzando: "Se avessi detto piú due avrei vinto io"» (Cesare Zavattini, *Parliamo tanto di me*, capitolo XVI).

Ma il favoloso padre della favolosa autobiografia di Cesare Zavattini si illudeva, si sbagliava. Anche se avesse avuto la prontezza di spirito di dire «piú due», non avrebbe vinto la *gara mondiale di matematica.* Se infatti quella gara, come la concepisce e descrive il geniale scrittore italiano, viene vinta da chi pronuncia «il numero piú alto», nessuno la vincerà mai, nessuno *potrà* mai vincerla. *Perché il numero piú alto non c'è.* Perché un numero maggiore di tutti i numeri non esiste. Infatti, pronunciando un numero, comunque vertiginosamente alto (rispetto alla nostra corta immaginazione di uomini), è sempre possibile, a un Gianni Binacchi cosí come a un qualunque altro mortale, esclamare: «piú uno». La successione crescente dei numeri interi naturali non ha fine, è *infinita*, perché: *fissato comunque un numero naturale è sempre possibile fissare un numero maggiore di esso.* La definizione di 'infinito potenziale', per una successione di elementi è questa: la *possibilità di procedere sempre oltre,* senza che ci sia un elemento ultimo.

La scoperta dell'infinito potenziale è una delle grandi meravigliose conquiste intellettuali che facciamo spontaneamente nella infanzia, in varie forme, pensando alla possibilità di aggiungere sempre «uno» nel contare oppure al singolare miracolo del gioco degli specchi, che si palleggiano l'immagine, e dentro di essa l'immagine della immagine, e cosí via in una fuga vertiginosa senza fine verso il sempre piú piccolo. L'impossibilità di pensare una fine dello spazio, una barriera dopo la quale non c'è nuovo spazio, è un'altra delle vie naturali che conducono alla conquista della categoria mentale dell'infinito potenziale.

L'infinito di cui parla Giacomo Leopardi all'inizio della poesia, è un *infinito potenziale spaziale*:

> «Sempre caro mi fu quest'ermo colle
> E questa siepe, che da tanta parte
> Dell'ultimo orizzonte il guardo esclude.
> Ma sedendo e mirando, interminati
> Spazi di là da quella...
> ......io nel pensier mi fingo».

Nella parte finale della breve composizione dallo spazio potenzialmente finito, che nessuna «siepe» chiude (se non allo sguardo), Leopardi passa alla riflessione sul *tempo po-*

*Relatività*, litografia di Escher 1953. La riproduzione è tratta da una stampa che fa parte della collezione Rosenwald.

*tenzialmente infinito*, del quale non si riesce a pensare un'ultima «stagione»:

> «... mi sovvien l'eterno  
> E le morte stagioni, e la presente  
> E viva, e il suon di lei...».

Qui si presentano però già le prime difficoltà del concetto di infinito, anche semplicemente potenziale.

Innanzitutto, la infinità potenziale è caratteristica del nostro modo (normale) di concepire lo spazio e il tempo: rispettivamente come un cubo sempre accrescibile, e come un segmento che è prolungabile indefinitamente. Non è detto però che l'infinità potenziale sia necessariamente caratteristica dello spazio e del tempo reali, quelli nei quali si svolgono i fenomeni fisici. Per la verità le cose sono assai piú complicate, lo spazio-tempo non è un semplice contenitore dei fenomeni, è strutturato in funzione della materia che contiene; ma la cosa non interessa la parte principale del nostro discorso. Lasciamo quindi da parte, d'ora in poi, i problemi relativi alla infinità o meno dell'universo, dello spazio fisico e del tempo reale. Ci occuperemo soltanto di costruzioni mentali, quali sono i numeri interi, o i tratti (segmenti) di retta o di curve continue. Riflettiamo dunque sulle successioni di numeri e sulle successioni di punti. Attiriamo subito l'attenzione sul fatto che c'è una differenza di qualità tra la successione potenziale infinita dei numeri naturali crescenti, e la successione dei punti di una retta, o anche di un suo segmento, o anche di una circonferenza, insomma di quello che chiamiamo un 'continuo lineare'.

In entrambi i casi la successione è composta da una quantità inesauribile di elementi. Nel caso della successione dei numeri naturali, però, si procede per cosí dire a scatti; si può andare sempre avanti, senza fine, perché si può aggiungere sempre, quale che sia il punto al quale si è giunti, ancora una unità. Si tratta di una successione infinita 'discreta': fatto un passo, è ben chiaro quale deve essere il successivo; tra un elemento e quello che viene dopo c'è stacco netto, c'è il vuoto. Ben diverso il caso della retta. Qui la successione

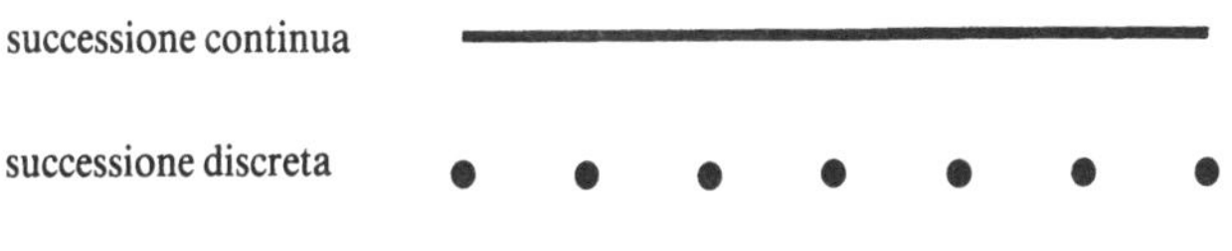


infinita è continua. Arrivati a un certo punto, non ha senso parlare del punto a esso *immediatamente* successivo. Tra un punto e un altro che lo segue ci sono sempre infiniti punti che formano un segmento anch'esso continuo, infinitamente divisibile in parti esse stesse continue, ancora infinitamente divisibili, e cosí via senza fine. Qui sembra ci sia qualcosa di piú della possibilità di andare avanti all'infinito: qui passando da un punto P a un punto a esso successivo Q (nel verso di percorrenza prescelto) sembra che si passi attraverso infiniti punti, che ogni volta si esaurisca una infinità di elementi, che si abbia una collezione di infiniti punti dati tutti insieme. Un 'infinito in *atto*', dunque, e non solo in *potenza*; un'infinità *compiuta*, e non soltanto *non completabile*; *esaurita*, e non soltanto *inesauribile*. Una successione infinita discreta, sempre riconducibile alla ripetizione infinita del «piú un altro», è un oggetto mentale di tutto riposo. Il grande filosofo tedesco Georg Wilhelm Friedrich Hegel (1770-1831) chiamava questa prima, e piú elementare, manifestazione dell'infinito potenziale *die schlechte Unendlichkeit*: "la cattiva o mala infinità".

Il 'continuo' è altra cosa, e pone un problema grosso, grossissimo, che è stato pienamente e definitivamente chiarito soltanto da Richard Dedekind e da Georg Cantor, i due protagonisti del capitolo centrale di questa storia (vedi parte quarta), che lavorarono e collaborarono nella seconda metà dello scorso secolo. Possiamo porre il problema nei seguenti termini: un segmento continuo è solamente divisibile in un numero grande quanto si vuole di parti, per esempio con un processo di successive divisioni che non ha termine, ed è quindi infinito nel senso potenziale, o può anche essere concepito come infinito in atto, come collezione infinita compiutamente data di tutti i suoi punti? Consideriamo acquisita e non controversa la possibilità di dividere all'infinito il continuo. Affronteremo in seguito, nella parte seconda, la questione dell'eventuale secondo modo di essere infinito di un segmento (di un continuo): quello di essere un *infinito già tutto dato*, compiuto ed esaurito di elementi 'indivisibili', un *infinito in atto*. Prima, consideriamo l'unico altro infinito preso in considerazione dai pensatori per millenni accanto al domestico infinito potenziale: l' 'infinito assoluto'.

## 2. ... O DIO, L'INFINITO ASSOLUTO

«*[Deus] id quo maius cogitari nequit*» ([Dio] è ciò del quale non si può pensare nulla di piú grande) (Anselmo d'Aosta).

«Il divino Aristotele e i suoi discepoli hanno mostrato a sufficienza che non esiste grandezza infinita in alcuna dimensione nelle cose sensibili. [...] Ma non è ugualmente possibile che l'infinito sia nei concetti astratti e non divisibili». Sono parole di Proclo, nato a Bisanzio (la attuale Istanbul) al principio del V secolo d.C., nel *Commento* al I libro degli *Elementi* di Euclide. Abbiamo detto nel capitolo precedente, che ci proponiamo di fare una storia dell'infinito mentale, della idea di infinito nelle nostre teste, non delle teorie fisiche, cosmologiche, sulla finitezza o infinità di spazio, tempo, universo. Aristotele nega comunque un *infinito attuale fisico*, cosí come nega un *infinito attuale mentale*.

In ogni caso, nell'universo e nel pensiero, per Aristotele «è impossibile che l'infinito sia in atto» (*Fisica* 204a, 28); pertanto, «rimane da dire, allora, che l'infinito è in potenza» (*Fisica* 206a, 18), e quindi, in conclusione, «che l'infinito non è in altro modo, ma solo in questo, cioè in potenza e per detrazione» (*Fisica* 206b, 12-13), o per aggiunzione: «anche per l'aggiunzione l'infinito è, cosí, pur sempre, in potenza» (*Fisica* 206b, 16).

Insomma non si può retrocedere all'infinito, non si può avanzare all'infinito; si può soltanto retrocedere sempre di piú e avanzare sempre di piú, passo per passo. Ma allora, ed ecco lo «scatto mentale» che porta dall'infinito potenziale

I cinque postulati di Euclide:

1) Per due punti distinti passa una retta.

2) Ogni segmento può essere prolungato indefinitamente.

3) Dati un centro e una distanza qualsiasi si può descrivere un cerchio.

4) Tutti gli angoli retti sono uguali fra loro.

5) Se una retta, incontrandone altre due, forma gli angoli interni da una stessa parte minori di due angoli retti, le due rette prolungate all'infinito si incontrano dalla parte nella quale si trovano i due angoli minori di due retti.

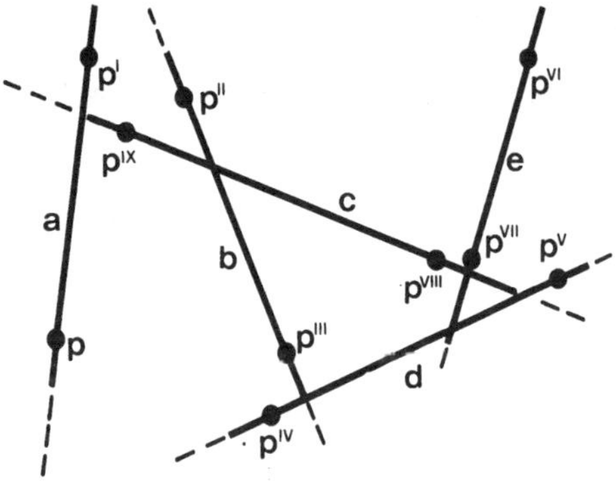


1)

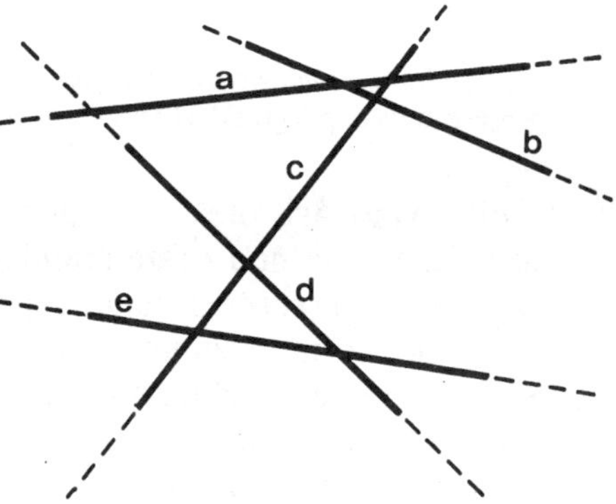


2)

all'infinito assoluto, ci debbono essere un Principio primo e un Fine ultimo.

Probabilmente Aristotele (384-322 a.C), allievo per quasi venti anni in quella scuola di Platone sulla soglia della quale era scritto «non entri chi non sa di geometria», è stato fortemente influenzato dal grande problema logico degli studiosi di geometria, che ora illustreremo. Negli *Analitici Secondi* (72b, 5-34) egli scrive: «Non si possono conoscere gli oggetti posteriori in virtú di oggetti anteriori, che non derivino da elementi primi». Chi studia geometria, quando dimostra un teorema, lo deduce infatti da un anteriore teorema, già noto. Ma questo, a sua volta, dovrà essere dimostrato da un teorema anteriore, e cosí via. Cosí via all'infinito? Non è possibile: se non si partisse da «elementi primi», da conoscenze certe, tutta la catena dei ragionamenti non avrebbe fondamento; non sarebbe «assolutamente possibile la cono-

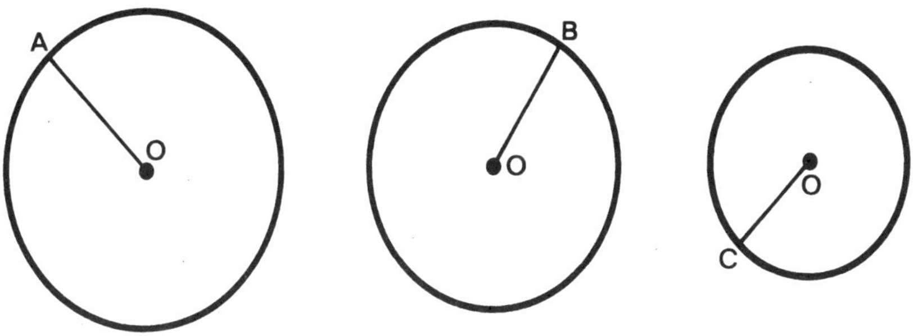


3)

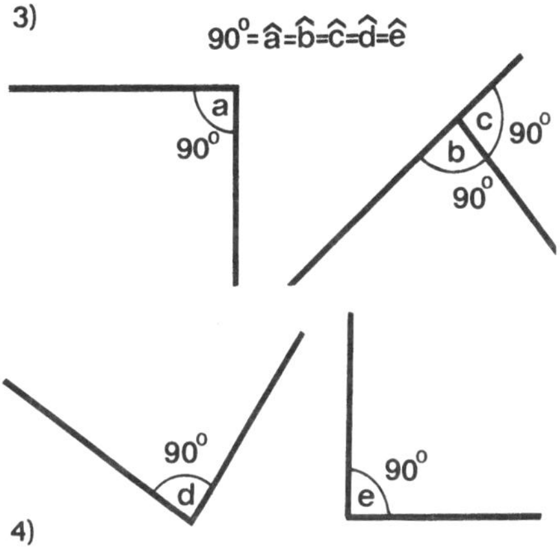


4)

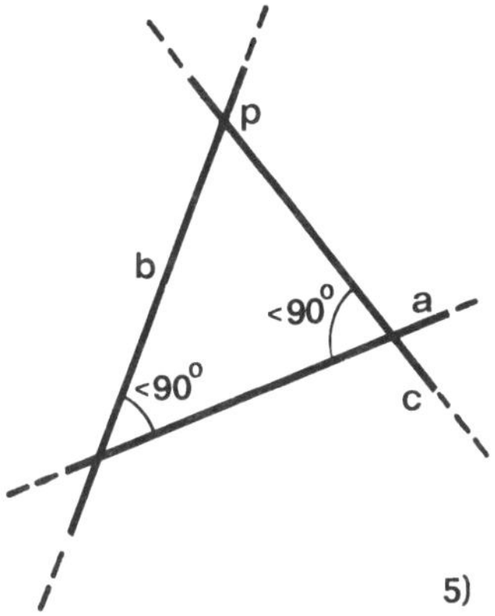


5)

scenza». Poiché «è impossibile attraversare una infinità di oggetti», compiere una infinità di passaggi logici, di dimostrazioni a ritroso, occorre che a un certo momento «ci si arresti», che «sussistano [...] princípi». Ma come possono venire stabiliti tali princípi, gli «elementi primi» e di partenza della conoscenza deduttiva, dimostrativa? Quale soluzione del dilemma propone Aristotele? «Quanto a noi, affermiamo anzi tutto che la determinazione dimostrativa non appartiene a ogni scienza, e che per contro la scienza riguardante le premesse immediate prescinde dalla dimostrazione». Insomma «non sussiste soltanto la scienza, ma altresí un certo principio della scienza, con il quale riusciamo a conoscere le definizioni».

La preposizione *metá* in greco voleva dire, tra l'altro, "al di là". Aristotele afferma dunque che ci sono due scienze (due modi di conoscenza): una matematica e una '*meta*matematica' che sta «al di là» della matematica. Nella prima, la conoscenza avviene attraverso la «determinazione dimostrativa»; nella seconda, per altra via, per intuizione o evidenza. La metamatematica fonda la matematica ponendo i princípi primi, i 'postulati', verità evidenti indimostrabili, dalle quali, per successive deduzioni, la matematica (la geometria) trae nuove conoscenze, questa volta razionali, dimostrate e non intuite.

Abbiamo detto all'inizio di questo capitolo che, parlando di Aristotele, non potevamo separare realtà fisica e astrazione mentale, perché Aristotele svolge, in sostanza, la stessa argomentazione in fisica. In fisica ogni moto va ricondotto a un anteriore moto. (Piú in generale, ogni fenomeno, o effetto, va ricondotto a una causa, che è a sua volta effetto rispetto a una causa ancora anteriore e cosí via). Ma allora, poiché è insensato ricorrere a una progressione a ritroso infinita in atto, occorre introdurre un postulato, un principio primo fisico, un primo motore. Esso, in quanto primo, non deve essere generato da altro moto, deve essere immobile. Dio - l'assoluto - come motore immobile, pare perciò possa essere messo in parallelo con i princípi indimostrabili di ogni dimostrazione. La stessa argomentazione vale in Aristotele per il tempo, nelle due direzioni.

Il tempo non è pensabile come infinito attualmente già trascorso; il retrocedere nel tempo passato implicherebbe perciò un inizio fuori di esso, senza tempo, atemporale. E neppure se, come Aristotele, partiamo dalla negazione di ogni infinito attuale, possiamo pensare il tempo come un *avvenire infinito* nella sua totalità. Occorre quindi postulare un «termine del processo di attuazione», una *entelechia*, per usare la parola greca entrata nel linguaggio filosofico, col significato di "fine ultimo". Questo è Dio, in cui, dice Dante nel XVII Canto del Paradiso, il tempo «tiene [...] le sue radici». La dottrina teologica cristiana ai tempi di Dante (1265-1321) contiene molti elementi della *Summa theologica* di Tommaso d'Aquino (1225-1274), il quale a sua volta aveva assorbito la struttura filosofica di Aristotele.

Siamo nel Duecento; l'idea di infinito dominante in quell'epoca (e poi fin quasi ai nostri giorni), è quella della concezione aristotelica-tomistica. Il fatto che la concezione aristotelico-tomistica (di Aristotele e di Tommaso) dell'infinito (o potenziale, o assoluto) sia stata dominante, dalla antica civiltà greco-latina fino al Rinascimento, non significa però che sia stata la sola durante tutti quei secoli. Noi cerchiamo qui di tracciare una storia delle concezioni fondamentali dell'infinito, una storia di grandi idee, non una cronaca della filosofia, autore per autore, scuola per scuola. Nel chiudere questa prima parte, ci limitiamo perciò a un accenno al (probabile) dissenso di Agostino di Tagaste, vescovo di Ippona, nell'Africa settentrionale romana, vissuto tra il 354 e il 430 d.C., nel periodo della crisi dell'Impero romano. Agostino nega che non si possa pensare un infinito in atto, come invece sostiene decisamente Aristotele. Dice infatti in un passo della sua piú famosa opera, *De Civitate Dei* (Sulla città di Dio):

«Ogni numero è caratterizzato dalle sue proprietà, cosí che nessuno [...] può essere uguale a un altro qual si voglia. Quindi [i numeri] sono disuguali tra di loro e diversi, e presi singolarmente sono finiti, e tutti quanti [insieme] sono infiniti. Dio, allora, a causa della infinità conosce tutti i numeri; e che [forse mai] la scienza di Dio perviene solo fino a una certa [quale che sia] somma di numeri, e ignora gli altri? Chi sosterrebbe ciò, anche se del tutto demente?».

La tesi agostiniana della presenza di 'infiniti attuali' nella mente di Dio (*in mente Dei*) ha probabilmente influenzato, mille anni dopo e piú, il pensiero di Galilei. Leggiamo infatti dal *Dialogo sui massimi sistemi del mondo* (1632) di Galilei, opera sulla quale avremo occasione di ritornare:

«[...] l'intendere si può pigliare in due modi, cioè *intensive*, o vero *extensive* [...] *extensive*, cioè quanto alla moltitudine degli intellegibili, che sono infiniti, l'intender umano è come nullo, quando bene egli intendesse mille proposizioni, perché mille rispetto all'infinità è come un zero; ma pigliamo l'intendere *intensive*, in quanto cotal termine importa intensivamente, cioè perfettamente, alcuna proposizione, dico che l'intelletto umano ne intende alcune cosí perfettamente, e ne ha cosí assoluta certezza, quanto se n'abbia l'istessa natura; e tali sono le scienze matematiche pure, cioè la geometria e l'aritmetica, delle quali l'intelletto divino ne sa bene infinite proposizioni di piú, *perché le sa tutte*, ma di quelle poche intese dall'intelletto umano credo che la cognizione agguagli la divina nella certezza obiettiva, poiché arriva a comprenderne la necessità, sopra la quale non par che possa esser sicurezza maggiore».

Parallela alla linea di pensiero che va da Aristotele a san Tommaso e ai tomisti, ne scorre quindi un'altra. Dapprima sotterraneamente, nella civiltà greca ed ellenistica, viene poi pienamente alla luce solo nel Rinascimento scientifico, con la introduzione aperta dei primi metodi infinitesimali. È la linea di pensiero che va da Democrito e Archimede a Galileo, agli scienziati che accettano l'infinito attuale, di cui anzi, come strumento matematico, non possono fare a meno. Diremo subito di loro.

## **Parte seconda**

## Gli infiniti in atto non possono essere pensati

Aprite, di grazia, gli occhi a quella luce stata forse celata fin qui, e scorgete chiaramente che il continuo è divisibile in parti sempre divisibili sol perché consta di indivisibili; imperò che se la divisione e suddivisione si ha da poter continuar sempre, bisogna necessariamente che la moltitudine delle parti sia tale che già mai non si possa superare; e sono dunque le parti infinite, altrimenti la divisione si finirebbe; e se sono infinite, bisogna che non siano quante, perché infiniti quanti compongono un quanto infinito, e noi parliamo di quanti terminati; e però gli altissimi ed ultimi, anzi primi componenti del continuo, sono indivisibili infiniti.

*Galileo Galilei*

# 1. DALL'INFINITESIMO DI DEMOCRITO AL MISTERO DELLE DIMOSTRAZIONI DI ARCHIMEDE

«Archimede a Eratostene salute.

«[...] Vedendoti [...] diligente ed egregio maestro di filosofia, e tale da apprezzare anche nelle matematiche la teoria che [ti] accada [di considerare], decisi di scriverti e di esporti nello stesso libro le caratteristiche di un certo metodo, mediante il quale ti sarà data la possibilità di considerare questioni matematiche per mezzo della meccanica [...]. Avendo ottenuto con [questo] metodo qualche conoscenza delle cose ricercate, è piú facile compiere la dimostrazione, piuttosto che ricercare senza alcuna nozione preventiva. Perciò anche di quei teoremi, dei quali Eudosso trovò per primo la dimostrazione, intorno al cono e alla piramide, [cioè] che il cono è la terza parte del cilindro e la piramide [è la terza parte] del prisma aventi la stessa base e altezza uguale, non piccola parte [del merito] va attribuita a Democrito, che per primo fece conoscere questa proprietà della figura suddetta, senza dimostrazione».

La vicenda filosofico-metodologico-matematica che Archimede narra, in una lettera riservata (tanto riservata che venne scovata solo duemila anni dopo, come racconteremo piú in là), ha parecchi protagonisti: Democrito, Eudosso, Archimede, Eratostene. Quest'ultimo, il destinatario della lettera sopra citata, è vissuto approssimativamente tra il 276 e il 192 a.C. e ha diretto la piú grande istituzione culturale del mondo antico: la biblioteca del museo di Alessandria d'Egitto. Cominciamo dal piú antico, da Democrito, vissuto all'incirca tra il 470 e il 370 a.C.

Fissiamo l'attenzione sul fatto che «la piramide è la terza parte del prisma avente la stessa base e altezza uguale», e cerchiamo di capire le due affermazioni che Archimede fa relativamente a Democrito.

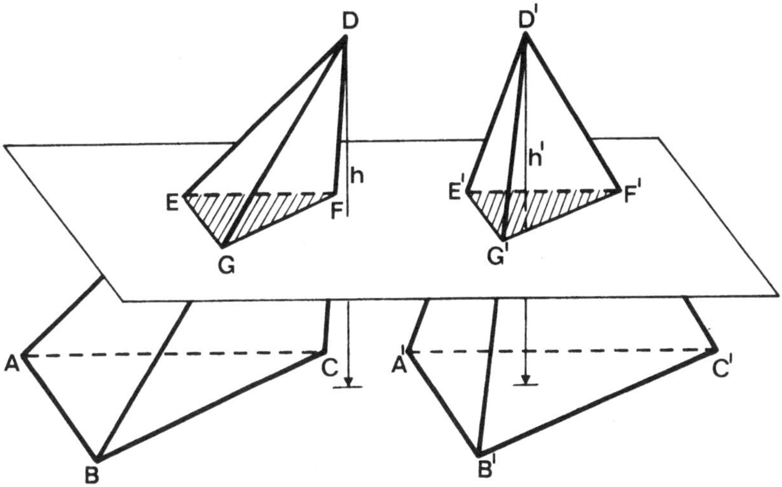

Piramidi di ugual base e di ugual altezza sono uguali.

*Prima affermazione*: Democrito «conobbe» il risultato.

*Seconda affermazione*: il risultato era esatto, ma quella di Democrito non era una dimostrazione.

Per capire bene, vediamo la ricostruzione che fa Federigo Enriques (1871-1946) del ragionamento di Democrito. *Innanzitutto*, «il Nostro [Democrito] può essere partito dalla osservazione intuitiva che piramidi di ugual base ed altezza sono uguali». Infatti (vedi figura in alto) i triangoli loro sezioni con un piano parallelo alla base hanno aree uguali, perché l'uno e l'altro sono rimpicciolimenti della base comune fatti nella stessa scala. Se non si vuol ricorrere agli infiniti triangoli sezioni con piani paralleli alla base, si può fare una verifica approssimando la piramide con «un solido quasi piramide (scaloide), mercè la sovrapposizione di lamine piane, molto sottili». *Poi* si arriva alla conclusione, come farà Euclide nella proposizione 7 del libro XII dei suoi *Elementi*, con la «decomposizione del prisma in tre piramidi uguali».

Il procedimento di approssimazione di una piramide con uno scaloide avente un numero crescente di gradini serve a capire qual è il risultato che vogliamo trovare, è un procedimento, come si dice, *euristico* (dal greco *heurískein*, "trovare", "scoprire"). Questo procedimento diventa una dimostrazione se, viceversa, riusciamo a far vedere che il risultato *non può non essere quello*. Due negazioni affermano: se ab-

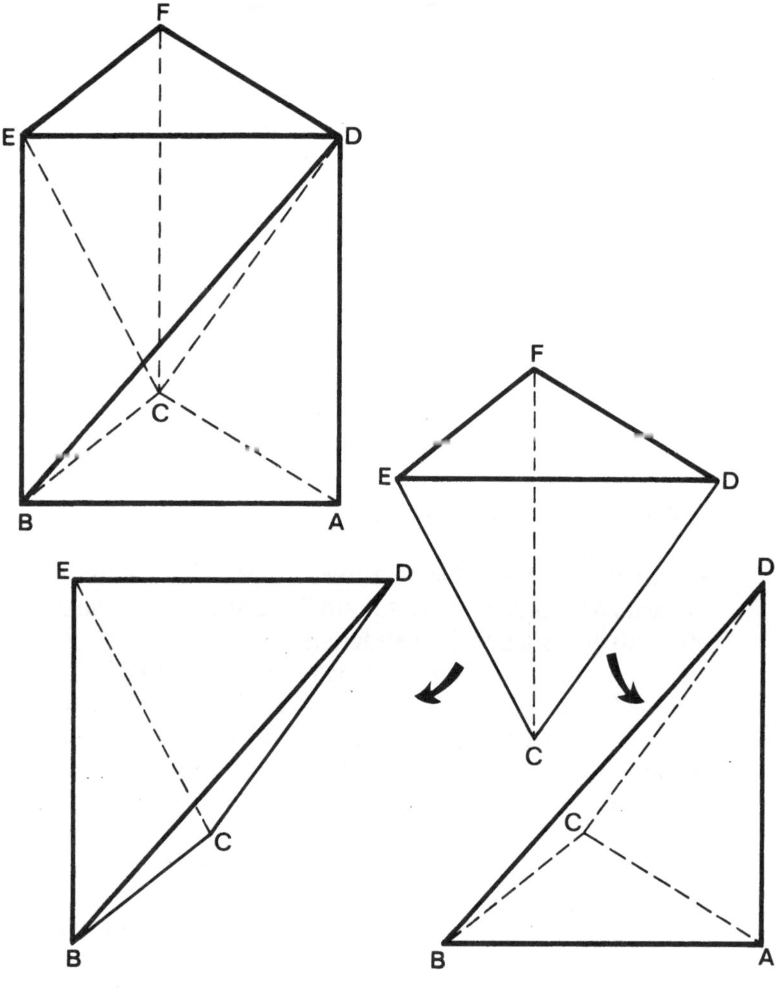


biamo dimostrato che il risultato *non può non essere quello*, abbiamo dimostrato che *deve essere quello*. E qui entra in scena il secondo, grande personaggio citato da Archimede nella lettera a Eratostene: Eudosso di Cnido. Vissuto piú o meno tra il 400 e il 350 a.C., e quindi bambino quando Democrito era vecchio, Eudosso fu ugualmente eminente come matematico, astronomo e geografo. Fu certamente membro della prima società di sapienti, quella Accademia di Platone che ha dato il suo nome a tante altre associazioni scientifiche moderne. Cerchiamo di chiarire, con un esempio classico, espresso in linguaggio moderno, il suo 'metodo di esaustione'.

A destra, poligoni iscritti e circoscritti a una circonferenza.

A sinistra, scomposizione del prisma in tre piramidi uguali.

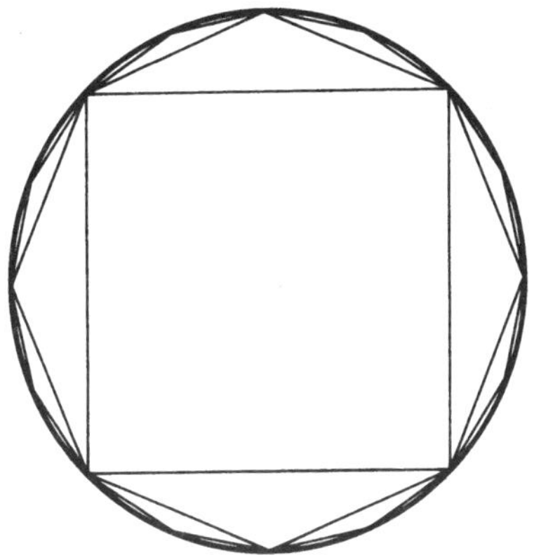

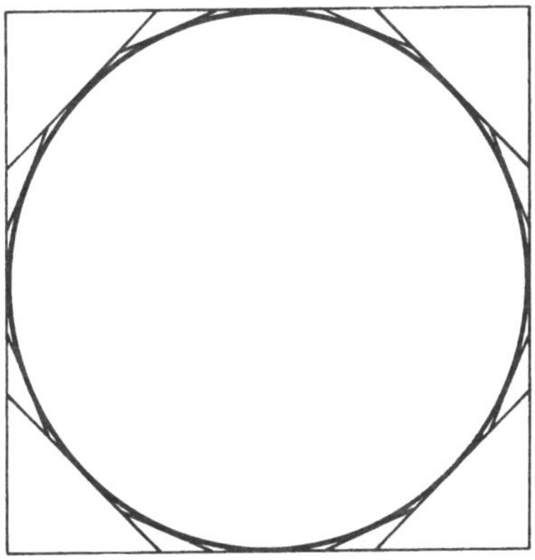

L'esempio classico è quello del teorema secondo il quale la lunghezza C della circonferenza è $2\ \pi\ r$, essendo $r$ il suo raggio e $\pi$ essendo la «pi greca», il cosiddetto numero di Archimede, il rapporto tra la circonferenza e un suo diametro.

Supponiamo che C sia un numero $c$ piú piccolo di $2\ \pi\ r$. Ma allora possiamo costruire un poligono iscritto nella circonferenza con un numero sufficientemente grande di lati, il perimetro del quale, certamente minore della circonferenza nella quale è racchiuso, ha misura piú grande di $c$. Supponiamo, al contrario, che sia un numero piú grande di C. Ma allora possiamo costruire un poligono circoscritto alla circonferenza, e quindi di lunghezza maggiore di essa, il perimetro del quale ha per misura un numero minore di quello supposto, assurdamente, essere la misura della circonferenza. Essendo perciò assurdo supporre che la misura della circonferenza sia inferiore a C, o che sia superiore a C, essa è necessariamente uguale a C.

Tutto a posto, allora? Sí e no.

Da un punto di vista logico-formale, di rigore dimostrativo, niente da dire. Ma resta nascosto il ragionamento reale, quello che ci fa veramente scoprire il risultato, risultato che dobbiamo pur conoscere o quanto meno congetturare nella dimostrazione per assurdo. E ritorniamo alla scoperta di Democrito.

Qual è il ragionamento reale di Democrito?

Democrito, in definitiva, capisce che due piramidi con la stessa base e uguale altezza hanno lo stesso volume perché le immagina composte da infinite (in atto) loro sezioni piane, a due a due uguali. Il procedimento per assurdo di Eudosso è il panno logico con il quale l'infinito potenziale nasconde le vergogne dell'infinito attuale, che è in questo caso il suo padre.

Ed ecco cosí emergere, già all'alba della filosofia e della matematica, quel problema della composizione del continuo che sarà risolto ben piú di duemila anni dopo Democrito, nell'Ottocento, da Georg Cantor (vedi parte IV, capitolo 2). È possibile soltanto la suddivisione di un continuo (linea, regione piana limitata, solido) in un numero *quanto si voglia grande* di parti, solo la infinità potenziale di suddivisioni successive, o è invece anche possibile concepire il continuo composto da *una infinità in atto* di componenti ultime, «altissime», indivisibili?

Di Democrito avremo occasione di parlare ancora, anche per la sua geniale concezione *atomistica* dell'universo, perché, nel Rinascimento, fu amato da Galilei, Torricelli, Cavalieri, odiato dagli aristotelici e dai teologi scolastici, loro avversari.

Torniamo al terzo personaggio della nostra storia antica, a colui che ne è anzi il grande protagonista, ad Archimede siracusano, giudicato da molti il piú grande scienziato di tutti i tempi. Il nome di Archimede è talmente popolare da invadere anche i fumetti: chi non ricorda le geniali invenzio-

La moderna tecnologia solare ha finalmente realizzato una delle intuizioni di Archimede: collettore parabolico cilindrico costruito per usi industriali.

ni di Archimede Pitagorico che strabiliano Paperino e Qui, Quo e Qua?

Secondo un antico racconto, che deve contenere una buona parte di verità, Archimede morí sessantacinquenne. Fu ucciso da uno dei soldati romani che avevano fatto irruzione in Siracusa conquistata dopo un lungo assedio, irritato dal fatto che il vecchio sapiente l'avesse spinto via lontano dai disegni che tracciava meditabondo sul suolo, dicendogli: «*noli tangere circulos meos*» (non ti permettere di toccare i miei cerchi). Correva l'anno 212 prima della nascita di Cristo, e Archimede aveva prodigato il suo genio nella difesa della patria assediata, costruendo congegni di guerra fantascientifici per l'epoca, tra i quali i famosi specchi ustori, che concentravano i raggi del sole sulle navi romane, incendiandole. La storia *è per metà vera*, perché Archimede conosceva benissimo le proprietà del 'fuoco' di una parabola, e della superficie (paraboloide) che si ottiene facendola ruotare attorno al proprio asse; *per metà falsa,* perché Archimede non poteva possedere le tecniche di costruzione di grandi specchi parabolici.

Attenzione: dentro i due episodi, leggendari o storici che siano, stanno i due aspetti fondamentali della complessa personalità di Archimede. Da un lato, Archimede porta avanti, fino a farle raggiungere il punto piú alto, la tradizione greca del puro studioso di geometria che si concentra su problemi puramente mentali, che non portano vantaggi pratici. Dall'altro, egli appartiene anche a un'altra tradizione, quella della Magna Grecia, dove fioriscono ingegneri, meccanici, fisici sapienti di matematica. In Grecia, all'uomo libero che si dedicava alla geometria in modo del tutto disinteressato, era vietato far uso di altri strumenti oltre riga e compasso, simboli delle due linee perfette: le dimostrazioni che facessero ricorso a procedimenti definiti per via meccanica erano respinte.

Ora, nello scritto che porta il titolo *Metodo di Archimede sui teoremi meccanici, ad Eratostene,* il procedimento geometrico è fondato sulle scoperte relative al 'baricentro', il centro di gravità dei solidi, e al famoso principio di equilibrio di una leva che porta appunto il nome di *Principio di Archimede.*

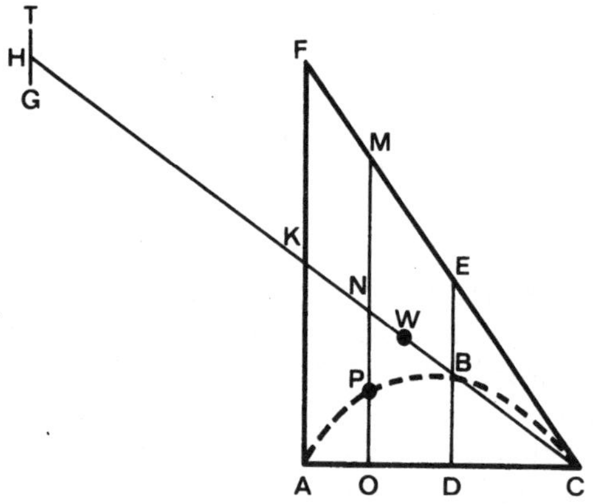


Illustriamo, con la figura in alto, il metodo meccanico di Archimede, nel caso della quadratura della parabola: «Il segmento parabolico staccato da una corda AC della parabola è uguale ai quattro terzi del triangolo ABC». Prendiamo, per semplicità, la corda AC perpendicolare all'asse di simmetria della parabola, nel qual caso B è il vertice (punto piú basso, o piú alto, dipende da come si guarda) della parabola stessa.

La proporzione: HK:KN = MO:OP, può essere interpretata meccanicamente. Poiché TG = OP (si veda sempre la figura), «allora la THG farà equilibrio alla MO». Infatti, TG e MO, concepiti come «segmenti pesanti», si possono immaginare concentrati nei loro baricentri H e N, loro punti di mezzo; perciò i due «pesi», essendo inversamente proporzionali ai «bracci» HK, KN della «leva» di fulcro K, si fanno equilibrio. Ma allora il «triangolo pesante» AFC, composto dai segmenti OM, e il segmento di parabola «pesante» ABC, composto dai segmenti OP, trasportati uno per uno parallelamente a se stessi fino ad avere centro in H, si fanno equilibrio. Si vede che il triangolo AFC è quadruplo del triangolo ABC, e di qui il teorema.

Archimede commenta questa argomentazione affermando che «ciò dunque non è stato veramente dimostrato per mezzo di quel che è stato detto; ma è stata fornita una indicazione che [induce a ritenere che] la conclusione sia vera». E aggiunge: «Perciò noi, vedendo che la conclusione non è stata dimostrata, ma presumendo che essa sia vera, proporremo la dimostrazione per via geometrica da noi stessi trovata, che avevamo già prima pubblicata».

Perché mai?

La chiave sta nel seguente periodo: «[...] Il triangolo CFA consta delle rette tracciate nel triangolo CFA» (parallelamente al lato AF), «mentre il segmento parabolico ABC consta delle rette tracciate similmente alla OP», cioè delle corde parallele all'asse della parabola. Queste affermazioni suppongono che la regione piana (in questo caso: triangolo, segmento parabolico) sia *composta dalle infinite sue corde parallele a una direzione data,* implicano cioè una *suddivisione non solo potenziale, ma attuale,* di un continuo in *infinite parti.* Una cosa, infatti, è affermare che un continuo può essere suddiviso in un numero di parti *grande quanto si vuole,* cioè che per ogni sua suddivisione in un numero finito di parti ce n'è un'altra piú «fina»; altra cosa è immaginare la *suddivisione compiuta saltando dal finito all'infinito,* immaginare il continuo risolto in infiniti indivisibili, di dimensione inferiore alla sua. Nel nostro caso, una regione piana 'bidimensionale' (a due dimensioni, come per esempio il triangolo definito dalla base e dall'altezza) viene concepita come composta da una infinità in atto di segmenti, cioè di continui 'unidimensionali' (a una dimensione, come per esempio un segmento definito dalla sua lunghezza).

Archimede non ha il coraggio di arrischiare il salto filosofico, che farà invece, arditamente quasi due millenni dopo, Galilei.

Archimede ricorre a un infinito attuale per cosí dire «limitato», «locale», non assoluto, non per motivi filosofici, bensí per motivi matematici. L'infinito attuale è uno strumento tecnico del quale non può fare a meno lo studioso di geometria al lavoro, quanto meno per farsi un'idea del risultato al quale tende. E nella lettera-saggio a Eratostene, Archimede sottolinea proprio questo aspetto tecnico del suo metodo:

«Sono convinto che porterà non piccola utilità nella matematica: confido infatti che alcuni dei matematici attuali o dei futuri, essendo stato loro mostrato questo metodo, ritroveranno anche altri teoremi da noi non ancora escogitati».

Ciò accadrà, infatti, quasi due millenni dopo, nel Seicento, con il 'metodo degli indivisibili' di Cavalieri e Torricelli, fondato sul principio del 'metodo meccanico' di Archimede. Accadrà, anche se i due grandi geometri italiani non conoscevano il *Metodo* di Archimede, che è stato ritrovato soltanto nell'estate del 1906 dal grande filologo danese J.L. Heiberg, l'editore di Euclide e di Archimede.

Torniamo dunque indietro di tre secoli, dal Novecento al Seicento, facciamo finta di non aver mai letto il *Metodo* di Archimede, di sospettarne al piú l'esistenza. Mettiamoci nella testa di Galilei, di Cavalieri, di Torricelli, vediamo come rinacque, piú vigorosa filosoficamente, l'idea della possibilità di dividere un continuo in un insieme infinito in atto di parti indivisibili.

## 2. LA NUOVA SCIENZA HA BISOGNO DELL'INFINITO IN ATTO

«Che questa geometria degli indivisibili sia un'invenzione del tutto nuova, non oserei affermarlo. Crederei piuttosto che gli antichi geometri si siano serviti di questo modo nell'invenzione dei teoremi piú difficili, benché nelle dimostrazioni abbiano preferito un'altra via, sia per occultare il segreto dell'arte, sia per non offrire agli invidi detrattori alcuna occasione per contraddirli» (Evangelista Torricelli, *Opera geometrica*, 1644).

Gli «invidi detrattori» della geometria degli indivisibili erano coloro che seguivano pedissequamente la filosofia aristotelica, i «peripatetici». Essi non credevano soltanto che la terra fosse al centro dell'universo, erano cioè anticopernicani e tolemaici geocentrici. Erano anche antidemocritei, antiatomisti. La battaglia principale di Galileo fu quella in difesa del sistema copernicano, 'eliocentrico' (il sole è al centro dei moti celesti), che si concluse con la dura sconfitta del 1633, con la condanna del *Dialogo sui massimi sistemi del mondo* e l'esilio di Arcetri. Galilei era però anche atomista in fisica e per quel che riguarda la composizione del continuo; di qui sue polemiche con gli aristotelici anche in questo campo. Quando parliamo di scuola di Galilei in relazione alla questione dell'infinito attuale, ci riferiamo a Bonaventura Cavalieri (1598-1647) e a Evangelista Torricelli (1608-1647). Conviene parlare prima degli allievi Cavalieri e Torricelli, poi del loro maestro Galileo. I primi, infatti, nell'uso che fecero dell'infinito attuale, si ricollegarono, senza poterlo sapere, ma solo sospettandolo, al metodo usato da Archimede per scoprire formule di aree e volumi. Cavalieri fondò, Torricelli sviluppò, quella «geometria degli indivisibili» che fu la premessa del 'calcolo infinitesimale' (o 'differenziale'), grande conquista della fine del secolo. Il «terzo grande», dopo Cavalieri e Torricelli, del metodo degli indivisibili, fu l'inglese John Wallis (1616-1703) autore della *Arithmetica infinitorum* (1656). La stagione degli indivisibili fu breve, perché tale metodo fu presto superato dai procedimenti infinitesimali di Newton e Leibniz.

Galileo, a differenza degli allievi, fu critico nei confronti della «geometria degli indivisibili» come tecnica dimostrativa. Invece, per ragioni filosofiche e fisiche, egli affermò la possibilità di ridurre un continuo «terminato» (limitato) in infiniti elementi «primi» non 'quanti' (non aventi estensione), indivisibili, in modo piú netto e ardito dei suoi allievi sopra ricordati.

Cominciamo allora dal piú giovane dei tre grandi della scienza italiana del Seicento, dal Torricelli che succederà a Galileo (tra il 1642 e il 1647, anno della sua prematura morte) nella carica di matematico e filosofo naturale del Granduca di Toscana. Torricelli, di fronte alla questione dell'infinito attuale, ha un atteggiamento puramente «pragmatico», guarda ai risultati, e basta. Ecco quello che scrive a Cavalieri il 7 marzo del 1643:

> «In quanto a me crederò, che i metodi del Padre [Guldino: vedi oltre], siano ottimi, e che quello degli indivisibili di Frate Bonaventura sia cattivo; so bene per cosa certa, che quelli ottimi deducono delle cose false (che tali si dimostrano) e che da quel cattivo non si cava, se non conclusioni vere, quando si operi conforme alli precetti dell'arte e alle cose dimostrate negli elementi».

Molto diverso invece l'atteggiamento di Fra' Bonaventura che scriveva elogi sperticati all'amico Torricelli, per una sua sensazionale scoperta, basata sul metodo degli indivisibili, e aggiungeva però:

> «[...] solo parmi, che alcuno potesse desiderare una proposizione generale, che dimostrasse l'egualità di due figure, piane e solide, quando i loro indivisibili curvi, e diversi sono eguali; e forse se io non m'inganno sería [sarebbe] simile a quella, che metto io nel secondo libro della *Geometria* sul principio».

Torricelli, infatti, decomponeva una figura non soltanto, come Cavalieri, in corde oppure sezioni piane tra di loro parallele, ma anche in archi di curva e calotte di superficie non intersecantisi («indivisibili curvi»). Insomma, per dirla con le parole di Lanfranco Belloni nella introduzione al volume *Torricelli* (Torino, Utet, 1975), «se, all'indiscutibile valore euristico, il metodo degli indivisibili avesse affiancato una sicura fondazione logica, nessuno avrebbe piú potuto contestargli il diritto di cittadinanza in geometria».

Il principio su cui Cavalieri ritiene di dare una «sicura fondazione logica» alla sua geometria degli indivisibili, è il teorema III-proposizione III del libro secondo del suo volume:

> «Figure piane hanno tra di loro il medesimo rapporto che hanno tutte le linee [*omnes lineae*] di esse prese con un riferimento qualunque: e figure solide hanno lo stesso rapporto che hanno tutti i piani [*omnia plana*] di esse presi rispetto a un riferimento qualunque».

Le *omnes lineae* rispetto a un riferimento, cioè a una direzione, sono *tutte le corde* della figura piana parallele a quella direzione; analogamente, gli *omnia plana* rispetto a una data giacitura sono *tutte le sezioni piane* del solido parallele alla giacitura assegnata. Fra' Bonaventura riassume la dimostrazione della proposizione III, che oggi va sotto il nome di *Principio di Cavalieri*, in un suo scritto in polemica con il gesuita svizzero Paolo Guldino (1577-1643), buon matematico ma aristotelico di stretta osservanza. Dice Fra' Bonaventura:

> «Se dunque giustapporremo a un quadrato [...] un altro quadrato uguale, non sarà forse evidente che tutte le linee del primo quadrato sono di nuovo presenti nel secondo quadrato, e che pertanto le une e le altre insieme prese son il doppio di quelle di uno soltanto [degli aggregati], benché si ignori il numero [delle linee] di ambedue gli aggregati?».

Il lettore del Novecento, anzi quasi del Duemila, che conosce il *Metodo* di Archimede, rimane impressionato: Cavalieri con il metodo degli indivisibili ricostruisce puntualmente i teoremi di Archimede, che egli conosceva soltanto nelle dimostrazioni per assurdo del sommo siracusano.

La filosofia di Cavalieri non è però quella di Archimede, al quale invece si avvicina Torricelli, la cui posizione abbiamo definita pragmatica: l'idea non sarà rigorosa, ma è utile per dare il risultato buono.

Inoltre Archimede, mentre attribuisce valore soltanto euristico e non dimostrativo al suo «metodo meccanico», usandolo concepisce in modo esplicito un'area (un volume), come somma, o diciamo unione, di tutte le sue linee (di tutti i suoi piani) tra di loro parallele. Cavalieri rovescia l'una e l'altra posizione filosofica di Archimede. Attribuisce infatti valore dimostrativo rigoroso al suo metodo degli indivisibili, ma non dice se, secondo lui, una figura debba essere o no concepita come unione di indivisibili paralleli.

«Io non ardii dire che il continuo fosse composto di quelli [degli indivisibili], ma mostrai bene che fra continui non vi era altra proportione che della congerie de gl'indivisibili (presi però equidistanti, se parliamo delle linee rette e delle superficie piane, particolari indivisibili da me considerati)». Cosí Cavalieri nella lettera del 28 giugno 1639 a Galileo in Arcetri, nella quale ringrazia il maestro del dono delle *Nuove scienze* da poco pubblicate, e lo esalta perché «con la scorta della buona geometria e con la tramontana del suo altissimo ingegno ha potuto felicemente navigare l'immenso oceano degli indivisibili, de' vacui, de gl'infiniti, della luce e di mill'altre cose ardue o peregrine».

Galileo, e già lo sappiamo dalla sigla scelta per questa seconda parte, «ardí dire» che il continuo era composto dai suoi infiniti indivisibili «non quanti» (privi di lunghezza, o di spessore). Cavalieri aveva soltanto il «sospetto, che quello che ha finalmente pronunciato potesse esser vero». Per meglio dire: Cavalieri era convinto che il continuo era composto dai suoi infiniti indivisibili. Per evitare ogni «fastidio» non voleva fondare le sue dimostrazioni su questa asserzione filosofica non dimostrabile, e cosí aspramente contestata dagli aristotelici.

Anche questa posizione semiatomistica veniva respinta dalla filosofia ufficiale, quella aristotelico-tomistica, e dalla teologia cattolica, entrambe nemiche di ogni forma di atomismo. E, prima di tutto, dell'atomismo fisico di Democrito, perché materialistico, e perché eliminava la necessità di una «provvidenza» che regge e ordina il mondo («Democrito che il mondo a caso pone», che lascia il mondo in balia del caso, diceva Dante). Si potrebbe dire anzi, che si negava l'atomismo geometrico perché si rifiutava quello fisico.

Il vecchio maestro, Galileo, invece, è atomista nel modo piú deciso e ardito e proclama piú volte che il continuo è composto da infiniti indivisibili non quanti. E lo proclama al suo modo toscano, deridendo coloro che negano ciò che a lui sembra evidente e inoppugnabile:

«Concedo dunque a' i signori filosofi che il continuo contiene quante parti quante [cioè, parti dotate di misura] piace a loro, e gli ammetto che le contenga in atto o in potenza, a loro gusto e beneplacito; ma gli soggiungo poi, che nel modo che in una linea di dieci canne si contengono dieci linee di una canna l'una, e quaranta d'un braccio l'una, e ottanta di mezzo braccio, ecc., cosí contiene ella punti infiniti: chamateli poi in atto o in potenza, come piú vi piace, ché io, Sig. Simplicio, in questo particolare mi rimetto al vostro arbitrio e giudizio».

E, soprattutto, come si legge nel passo citato all'inizio di questa seconda parte, Galileo ribalta la posizione aristotelica. Se si ammette, e non si può farne a meno, la possibilità di dividere il continuo in quante si vogliono parti quante (cioè dotate di estensione), ecco allora che l'infinito in atto non può non essere pensato, ecco, cioè, che è necessariamente pensato.

«Stante che la linea e ogni continuo siano divisibili in sempre divisibili, non veggo come si possa sfuggire, la composizione essere di infiniti indivisibili, perché una divisione e subdivisione che si possa proseguir perpetuamente, suppone che le parti siano infinite, perché altramente la subdivisione sarebbe terminabile; e l'essere le parti infinite si tira in conseguenza l'esser non quante, perché quanti [parti estese] infiniti fanno un'estensione infinita: e cosí abbiamo il continuo composto d'infiniti indivisibili».

Galileo era portato a comporre un continuo con infiniti indivisibili non quanti anche per ragioni fisiche e meccaniche. In primo luogo, vedeva i liquidi composti da minimi «differentissimi dai minimi quanti e divisibili» dei «corpi duri», dei solidi, e precisamente da minimi «indivisibili non quanti, e allora infiniti». In secondo luogo nella legge di caduta dei gravi, prima di raggiungere quale che sia «momento di velocità» a partire dalla quiete «si dovrà passare attraverso tutti gli infiniti momenti di velocità minore (o di tardità maggiore)», che formano un continuo di infiniti indivisibili non quanti nel tempo. Galileo, il primo uomo veramente moderno anche per l'affermazione della pensabilità (anzi: della *non non-pensabilità*) dell'infinito in atto, è però anche il primo a rendersi conto dei paradossi nascosti. Perciò, ardito come filosofo è cauto come matematico: non accetta i confronti tra «congerie» infinite del suo allievo Cavalieri e, nelle argomentazioni geometriche, rifiuta l'impiego degli «infiniti indivisibili non quanti», dei quali il continuo pur si compone. Ne riparleremo tra un momento, a proposito di «paradossi dell'infinito».

Abbiamo concentrato l'attenzione sulla geometria degli indivisibili di Wallis, Cavalieri, Torricelli, che precede il calcolo infinitesimale di Isaac Newton e di Gottfried Wilhelm Leibniz, del quale parleremo, ora e dopo, solo di sfuggita.

Nel 1664, Gottfried Wilhelm Leibniz (1646-1710) pubblicò la prima esposizione del calcolo differenziale (o infinitesimale), sugli *Acta Eruditorum* di Lipsia, nel saggio dal titolo: *Nova methodus pro maximis et minimis, itemque tangentibus* (Nuovo metodo per trovare i massimi e i minimi, e anche le tangenti). Indipendentemente da lui, l'inglese Isaac Newton (1642-1727) aveva elaborato un metodo equivalente se pur diversamente formulato; lo pubblicò però soltanto nel 1687, nel trattato *Philosophia naturalis principia mathematica* (Princípi matematici della filosofia naturale, cioè della fisica; il titolo stesso fa capire come Newton concepisse la matematica come strumento per la comprensione delle leggi fisiche). Mentre Newton era quello che oggi chiameremmo un «positivista», che non azzardava avanzare ipotesi filosofiche, Leibniz era, viceversa, un filosofo che si occupava di matematica per meglio sviluppare le sue idee generali; credeva nell'infinito in atto.

Se cosí stanno le cose perché questa nostra preferenza per un *metodo morto*, dal punto di vista della tecnica matematica, quale il metodo degli indivisibili, e questa nostra «sufficienza» verso il nuovo metodo di Leibniz e Newton, che è uno dei fondamenti non solo del pensiero ma della società moderna?

Il calcolo infinitesimale, sin dalle sue origini, ha suscitato dibattiti filosofici vivacissimi. Questi dibattiti hanno avuto però al loro centro non l'*infinito*, ma il suo «inverso», l'*infinitesimo*; il fatto è che il nuovo metodo per trovare massimi, minimi, tangenti, e poi aree, volumi, ecc. si fonda sull'abbandono della considerazione degli infiniti in atto proprio del metodo degli indivisibili: *tutte le linee, tutti i piani.* A fondamento del calcolo infinitesimale è infatti il concetto di *limite*. Si parte da una suddivisione *finita*, e in relazione a essa si fa un calcolo approssimato. L'approssimazione diviene esattezza quando il numero delle parti *tende all'infinito*, diventando ciascuna parte evanescente, infinitamente piccola, infinitesima.

## Parte terza

# I primi paradossi dell'infinito

Queste son di quelle difficoltà che derivano dal discorrer che noi facciamo col nostro intelletto finito intorno a gl'infiniti, dandogli quelli attributi che noi diamo alle cose finite e terminate; il che penso che sia inconveniente...

*Galileo Galilei*

Può sembrare [che un fatto, che si verifica per gli insiemi finiti], debba accadere anche quando gli insiemi, anziché finiti, siano infiniti.
Può sembrare, ho detto; ma uno studio piú approfondito rivela che tale necessità non esiste, perché la ragione per la quale [quel fatto] accade per tutti gli insiemi finiti sta appunto nella loro finitezza e quindi viene meno per quelli infiniti.

*Bernhard Bolzano*

# 1. I PARADOSSI DELL'INFINITO POTENZIALE: ACHILLE NON RAGGIUNGE MAI LA TARTARUGA

«Il secondo argomento è quello detto di Achille. Eccolo: il piú lento corridore non sarà mai raggiunto nella sua corsa dal piú veloce. Infatti sarà necessario che l'inseguitore proceda fin là donde si è mosso il fuggitivo, sicché è necessario che il corridore piú lento si trovi sempre un po' piú innanzi».

Aristotele riassume in questi termini l'argomento di «Achille e la tartaruga» in cui Zenone di Elea (vissuto nel 500 a.C.) sembra dimostrare la impossibilità del moto. Il vecchio filosofo Diogene lo confutò in silenzio, mettendosi... a camminare; noi preferiamo mettere in moto non le gambe, ma la ragione. Ragioniamo, dunque, col metodo e il rigore matematico. Supponiamo di avere a che fare con un Achille, A, azzoppato, e con una tartaruga, T, che sia invece un esemplare da «formula uno» della sua specie. Supponiamo, per la precisione, che la velocità di A sia semplicemente doppia di quella di T, e che A parta con uno svantaggio di 1/2 dell'unità di misura prescelta che chiamiamo *metro*.

Quando A percorre il 1/2 metro di svantaggio arrivando al punto di partenza di T, T è andata avanti di 1/4: quando A ha percorso quel quarto, T è andata avanti di 1/8, e cosí via senza fine, «sicché», conclude Zenone di Elea, sembra «necessario che il corridore piú lento si trovi sempre un po' piú innanzi». Come facciamo a calcolare il percorso di A? Esso è dato da infiniti tratti che costituiscono la successione: $1/2$; $1/2 + 1/4 = 3/4$; $3/4 + 1/8 = 7/8$; $7/8 + 1/16 = 15/16$... Se scommettete che i termini che vengono subito

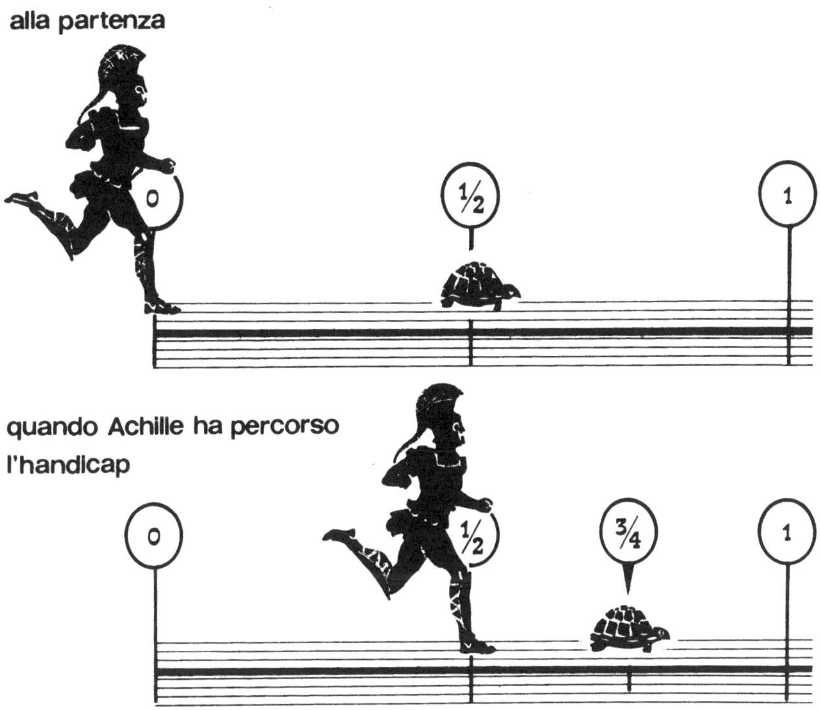


Alla partenza, Achille dà mezzo metro di vantaggio alla tartaruga: Achille si trova dunque in posizione 0, la tartaruga a 1/2. Quando Achille ha percorso l'handicap, e quindi si trova in posizione 1/2, la tartaruga ha percorso $1/2 + 1/4 \doteq 3/4$ e quindi si trova nella posizione 3/4; e cosí via. Sicché «è necessario che il corridore piú lento si trovi sempre un po' piú innanzi».

dopo sono: 31/32; 63/64; 127/128, ... e che l'$n$-mo elemento della successione è: $(2^n - 1)/2^n$, vi assicuriamo che vincerete. La successione sopra scritta, *quando* n *tende all'infinito, non tende all'infinito, bensí a uno: ha per limite 1, numero determinato e finito.*

I percorsi che Achille via via deve compiere per arrivare via via al posto lasciato dalla tartaruga che arranca coraggiosamente in avanti a velocità dimezzata, sono misurati dalla successione di numeri: $1/2$, $1/2^2$, $1/2^3$, ... $1/2^n$, ... Se chiamiamo $s_n$ la somma dei primi $n$ tratti percorsi da Achille, come abbiamo or ora visto, $s_n$, *per quanto grande sia* $n$, non supera mai 1, numero al quale si avvicina sempre piú. «Sempre piú», anzi «quanto si vuole»: la differenza tra 1 e $s_n$, scelto $n$ opportunamente grande, si fa piú piccola di un qualsiasi numero per quanto piccolo da noi prescelto, poiché diventa minore di $1/2^n$. La cosa si può ricavare dal disegno: se $n = 2$, quella differenza è 1/4; se $n = 3$, è 1/8 ...; se $n = 6$, essa è $1/2^6$ = un sessantaquattresimo, e cosí via. I tratti via via percorsi da Achille, per quanto sempre piú piccoli, sono sempre tratti ben determinati e finiti. Vediamo cosí che una somma di quantità finite in numero illimitato *non è necessariamente infinita*, non supera necessariamente, da un certo momento in poi, ogni numero prefissato per quanto grande esso sia. No: se le quantità che si succedono sono sempre piú piccole può accadere che il limite delle loro successive somme sia finito.

Ma facciamo completare la spiegazione da Bernhard Bolzano, citando dai *Paradossi dell'infinito* (1851):

> «Quantunque qualsiasi quantità, e in genere qualsiasi oggetto, che ci appaia come infinita sotto qualche aspetto, debba appunto sotto questo aspetto essere tale da poter essere considerata come una totalità costituita da un insieme infinito di parti, pure non vale l'inverso, cioè che ogni quantità che noi consideriamo come somma di un insieme infinito di altre quantità tutte finite debba a sua volta essere infinita. [...] L'apparente paradosso trae origine dal fatto che si dimentica che i termini da sommarsi diventano sempre piú piccoli».

Bolzano porta due esempi. Il 'numero irrazionale' $\sqrt{2}$ è composto da infinite cifre decimali, e può perciò «venir riguardato come somma di un insieme infinito di frazioni». Generalizza poi l'esempio, già da noi dato, del numero 1 come somma delle infinite frazioni 1/2, $1/2^2$, $1/2^n$, ..., alla successione «$a + ae + ae^2 + \ldots$all'infinito», la cosiddetta serie geometrica di «ragione» $e$, che, quando $e$ è minore di uno, «diventa uguale alla quantità finita $a/(1 - e)$».

Abbiamo chiamato l'«Achille» un *paradosso* dell'*infinito potenziale* perché in esso non si fa mai ricorso a un infinito in atto: sono in gioco sempre e soltanto delle successioni, delle «aggiunte» in numero sempre crescente, illimitato. Il paradosso viene pienamente chiarito nell'ambito della *teoria dei limiti*, della «convergenza» o meno di una successione a un limite, dall'essere questo limite finito o infinito (caso delle serie «divergenti»). Ora, la teoria dei limiti sviluppata col massimo rigore da Karl Weierstrass (1815-1897) e dalla sua scuola, elimina dal calcolo infinitesimale ogni riferimento tanto a quantità sempre piú piccole, «evanescenti» ma non nulle, gli ambigui «infinitesimi in atto», quanto agli infiniti dati in atto. In un certo senso, è il trionfo di Aristotele. Nell'ambito dell'infinito puramente potenziale viene finalmente sistemato quel calcolo che era stato senza dubbio favorito e promosso dalle «fantasie» di un Galileo e di un Leibniz, i quali supponevano il continuo composto con infiniti infinitesimi non quanti (o evanescenti), ma che di esse nella sua maturità poteva, anzi doveva, fare a meno.

Eppure... Eppure, come vedremo nelle parti successive, saranno proprio due allievi del rigorista Karl Weierstrass, liquidatore di infinitesimi e infiniti in atto nella tecnica matematica, Georg Cantor e Richard Dedekind, che riapriranno la spirale dialettica dell'infinito. Reintrodurranno, infatti, l'*infinito attuale*, ma con il rigore della scuola alla quale si erano formati, senza piú ambiguità, oscurità, misticismo.

Prima di concludere questo capitolo, ancora due parole su Zenone. A nostro parere Zenone non voleva dimostrare l'impossibilità del moto, ma ridurre all'assurdo la tesi dei pitagorici, che componevano il continuo con atomi (punti) di dimensione finita. Nella ipotesi pitagorica, infatti, la somma di un numero crescente di segmenti, anche se decrescenti, sempre piú piccoli, dovrebbe tendere comunque all'infinito, perché ciascuno conterrebbe un numero intero di atomi dotati di dimensione (sarebbe come fare la somma di infiniti numeri interi, che tende certamente all'infinito).

## 2. IL PRIMO PARADOSSO DELL'INFINITO ATTUALE: UNA PARTE NON PUÒ ESSERE «UGUALE» AL TUTTO

«Il dubbio è questo [...]. Se in una figura piana si intenderà tirata una linea retta come si voglia, et in quella poi tiratele parallele tutte le linee possibili a tirarsi chiamo le linee cosí tirate *tutte le linee* [*omnes lineae*] di quella figura [...]. Hora vorrei sapere se tutte le linee di un piano di una regione piana circoscritta a tutte le linee di un altro piano habbiano proportione, perché potendosene tirare piú e piú sempre, pare che tutte le linee d'una data figura siano infinite, e però fuor della diffinitione delle grandezze che hanno proportione; ma perché poi, se si aggrandisse la figura, anco le linee si fanno maggiori essendovi quelle della prima e anco quelle di piú che sono nell'eccesso della figura fatta maggiore sopra la data, però pare che non siano fuori di quella diffinitione; però desidero esser da V.S. sciolto di questo dubbio» (dalla lettera di Bonaventura Cavalieri a Galileo Galilei, 15 dicembre 1621).

Se si supera la barriera dell'italiano secentesco, l'interrogativo posto da Bonaventura Cavalieri a Galileo Galilei è chiaro. Comunque, «traduciamo».

Prendiamo, ad esempio, un quadrato $Q_1$, e chiamiamo $L_1$ l'insieme di tutte le corde (linee) del quadrato stesso parallele al lato-base, disegnato orizzontale. Sopra $Q_1$, collochiamo un altro quadrato a esso uguale, e chiamiamo $Q_2$ il rettangolo composto dai due quadrati. Sia $L_2$ l'insieme di tutte le linee di $Q_2$ parallele alla base. Ora è fuori discussione che vale la proporzione:

$$Q_1:Q_2 = 2:1$$

e che quindi $Q_2$ e $Q_1$ «habbiano proportione» (noi diciamo: «rapporto»), e che tale rapporto sia $2:1 = 2$.

Parrebbe allora che si possa di conseguenza scrivere:

$$L_2 : L_1 = 2:1,$$

che cioè lo stesso rapporto vi sia tra gli insiemi di linee costituenti il rettangolo $Q_2$ e il quadrato $Q_1$, sua metà. Ma si tratta non di numeri finiti, di grandezze geometriche finite, si tratta di insiemi infiniti; e un rapporto tra infiniti, che vuol mai dire? La «diffinitione delle grandezze che hanno proportione» vale solo per insiemi finiti.

Qualche mese dopo, e precisamente il 22 marzo 1622 (la cosa risulta da un'altra sua lettera al maestro), Cavalieri supera da solo la sua perplessità. Infatti, gli pare «facile da dimostrare [...] che tutte le linee di due figure piane [...] habbiano proportione».

Su questa convinzione fonda quella grandiosa costruzione che è la sua *Geometria degli indivisibili* (ne abbiamo parlato nel secondo capitolo della seconda parte). Il maestro manda a dire all'allievo, il 21 dicembre 1622, che ha difficoltà circa la sua *Geometria*. Ma solo sedici anni dopo, nel 1638, nelle *Nuove scienze*, Galileo dà una risposta, indiretta ma chiaramente negativa, affermando con sicurezza che nel confrontare due infiniti si incontrano «difficoltà che derivano dal discorrer che noi facciamo col nostro intelletto finito intorno a gl'infiniti, dandogli quelli attributi che noi diamo alle cose finite e terminate; il che penso che sia inconveniente, perché stimo che questi attributi di maggioranza, minorità ed egualità non convenghino a gl'infiniti, dei quali non si può dire, uno esser maggiore o minore o uguale all'altro» e tra i quali non è perciò lecita una «proportione».

Vediamo ora piú da vicino quelli che possiamo chiamare i paradossi del tutto e della parte. Invece di riassumere il pensiero di Galileo, riportiamo ampie citazioni dalle *Nuove scienze*. Questa opera, come tutte le maggiori di Galileo, è scritta in forma di dialogo. I personaggi che vi compaiono sono: l'aristotelico Simplicio, il gentiluomo dilettante di scienze Gianfrancesco Sagredo, e lo «scienziato nuovo» Filippo Salviati, che rappresenta Galileo stesso.

*Paradosso degli interi e dei quadrati*: Simplicio, l'aristotelico, sa bene che i «numeri quadrati» sono quelli che nascono dai singoli numeri «in se medesimi moltiplicati».

*Salviati* - Benissimo, e sapete ancora, che sí come i prodotti si dimandano quadrati, i producenti, cioè quelli che si moltiplicano, si chiamano lati o radici; gli altri [numeri] poi, che non nascono da numeri moltiplicati in se stessi, non sono altrimenti quadrati. Onde se io dirò, i numeri tutti, comprendendo i quadrati e i non quadrati, esser piú che i quadrati soli, dirò proportione verissima: non è cosí?

*Simplicio* - Non si può dir altrimenti.

*Salviati* - Interrogando io di poi, quanti siano i numeri quadrati, si può con verità rispondere, loro esser tanti quante sono le proprie radici, avvenga che ogni quadrato ha la sua radice, ogni radice il suo quadrato, né quadrato alcuno ha piú d'una sola radice, né radice alcuna piú d'un quadrato solo.

*Simplicio* - Cosí sta!

*Salviati* - Ma se io domanderò, quante siano le radici, non si può negare che elle non siano quante tutti i numeri, poiché non vi è numero alcuno che non sia radice di qualche quadrato; e stante questo, converrà dire che i numeri quadrati siano quanti tutti i numeri, perché tanti sono quante le loro radici, e radici sono tutti i numeri; e pur da principio dicemmo, tutti i numeri esser piú che i propri quadrati, essendo la maggior parte non quadrati.

Proviamo a riassumere nel nostro linguaggio la situazione paradossale presentata da Galilei.

*Primo*. I quadrati sono solo una parte dei numeri.

*Secondo*. È però possibile stabilire una *corrispondenza biunivoca* tra l'insieme N dei numeri e quello Q dei soli quadrati, cioè una corrispondenza nella quale a ogni numero corrisponde *un solo quadrato*, e viceversa ogni quadrato è il corrispondente di un solo numero: i quadrati, *parte* dei numeri, sono «tanti quanti» tutti i numeri! La cosa si visualizza molto bene disponendo numeri e quadrati in due file, in modo che ogni quadrato stia sotto alla sua «radice».

$$\begin{array}{cccccc} 1 & 2 & 3 & 4 & 5 & n \\ \updownarrow & \updownarrow & \updownarrow & \updownarrow & \updownarrow & \updownarrow \\ 1 & 4 & 9 & 16 & 25 & n^2 \end{array}$$

Paradosso dei numeri e dei quadrati.

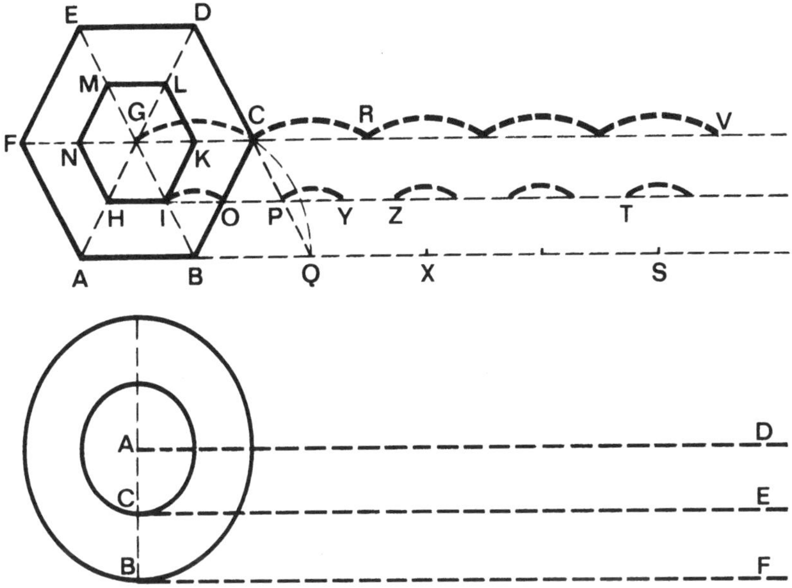

Paradosso delle due ruote concentriche.

Vediamo ora un altro paradosso, quello della ruota, che già si trova nella cultura greca, in Aristotele. Due ruote concentriche, una piú grande e una piú piccola, di cui la piú grande rotola sopra una retta, toccano con i loro punti due segmenti di uguale lunghezza.

*Salviati* - Ma ditemi: se intorno a un centro, qual sia [...] questo punto A, noi descriveremo due cerchi concentrici ed insieme uniti, e che dai punti C, B dei lor semidiametri siano tirate le tangenti CE, BF, e ad esse per il centro A la parallela AD, intendendo girato il cerchio maggiore sopra la linea BF (posta uguale alla di lui circonferenza, come parimente le altre due CE, AD), compíta che abbia una revoluzione, che averà fatto il minor cerchio, e che il centro? Questo sicuramente avrà scorsa e toccata tutta la linea AD, e la circonferenza di quello averà con li suoi toccamenti misurata tutta la CE [...]. Or come dunque può senza salti scorrere il cerchio minore una linea tanto maggiore della sua circonferenza [...].
*Sagredo* - Il negozio è veramente molto intrigato, né a me sovviene scioglimento alcuno: però diteci quello che a voi sovviene.

Si tratta ancora una volta di corrispondenza biunivoca tra due insiemi, il secondo dei quali è (può essere considerato come) una parte dell'altro. La circonferenza piú piccola è, come lunghezza, la metà di quella piú grande; è quindi possibile far corrispondere a uno a uno i punti di essa con quelli di *metà* della piú grande (di una semi-circonferenza di raggio AB). Ma se proiettiamo dal comune centro A i punti della circonferenza piú piccola su quelli della piú grande, abbiamo una corrispondenza biunivoca tra la circonferenza piú piccola e *tutta* la piú grande.

Il paradosso sta dunque nella possibilità di stabilire una *corrispondenza biunivoca tra un segmento continuo e una sua parte propria*. Lo mette in chiara evidenza Bernhard Bolzano, nei già citati *Paradossi dell'infinito*.

«Si prendano due quantità (astratte) a piacere, ad esempio 5 e 12; è ora evidente che l'insieme di tutte le quantità comprese tra 0 e 5 (ossia minori di 5), come pure l'insieme delle quantità minori di 12, è infinito; con pari certezza quest'ultimo insieme è da dichiararsi maggiore del primo, che ne è indiscutibilmente solo una parte. [...] Ma non meno vero di tutto ciò è quanto segue: se $x$ denota una quantità qualsiasi compresa tra 0 e 5, fissiamo la relazione tra $x$ e $y$ per mezzo dell'equazione

$$5y = 12x$$

allora $y$ è una quantità compresa tra 0 e 12: e viceversa, quando $y$ è compreso tra 0 e 12, $x$ è compreso tra 0 e 5».

[Se $x = 0, y = 0$; se $x = 5, y = 12$. E, viceversa, se $y = 0, x = 0$; e se $xy = 12$, $x = 5$].

«Dall'equazione precedente segue anche che ad ogni valore di $x$ corrisponde solo un valore di $y$, e viceversa. Ma da queste due premesse risulta chiaro che per ogni elemento $x$ dell'insieme delle quantità comprese tra 0 e 5 esiste un elemento $y$ dell'insieme delle quantità comprese tra 0 e 12, che si può collegare in coppia con quello, cosí che nessuna delle cose, costituenti questi due insiemi, non compaia in almeno una coppia, e nessuna di esse compaia in due o piú coppie».

E questo significa appunto che può essere stabilita una corrispondenza biunivoca tra un segmento e una (anzi: ogni) sua parte.

Prima di proseguire nella soluzione, corretta, data da Bolzano ai paradossi galileiani del tutto e della parte, riassumiamo quella proposta da Galileo. La sua soluzione è negativa: non è lecito con il nostro intelletto finito indagare l'infinito. Quando «siamo tra gl'infiniti e gli indivisibili, quelli [gl'infiniti] sono incomprensibili dal nostro intelletto finito per la lor grandezza, e questi [gl'indivisibili] per la lor piccolezza».

Galileo matematico nega quindi che si possa ragionare, con argomenti «concludenti necessariamente», sull'infinito.

Galileo filosofo si concede invece la libertà di fare congetture, «arbitrarie e non necessarie», sulla natura dell'infinito. Dice infatti Galileo come matematico:

«Io non veggo che ad altra decisione si possa venire, che a dire, infiniti essere tutti i numeri, infiniti i quadrati, infinite le lor radici, né la moltitudine dei quadrati essere minore di quella di tutti i numeri, né questa maggior di quella, ed in ultima conclusione, gli attributi di eguale, maggiore e minore non aver luogo negli infiniti, ma solo nelle quantità terminate».

L'atteggiamento di Bernhard Bolzano di fronte all'infinito e in particolare al «paradosso del tutto e della parte», è profondamente diverso da quello di Galilei. La possibilità di riunire in coppie le parti di due insiemi, osserva Bolzano, «è certamente sufficiente, nel caso in cui tali insiemi sono finiti, a stabilire la perfetta uguaglianza di quel che riguarda la molteplicità delle loro parti (riguardo cioè al numero dei loro elementi)». Ora «può sembrare che ciò debba accadere anche quando gli insiemi, anziché finiti, siano infiniti». Ma a rifletterci bene questo non può essere vero. Immaginiamo di stabilire che due insiemi sono uguali perché «hanno la stessa molteplicità», contengono lo stesso numero di elementi. Partiamo dall'insieme A e numeriamo successivamente ogni suo elemento, fino ad arrivare, se c'è, all'ultimo elemento, *n*. Diremo allora che il numero delle cose dell'insieme A è uguale a *n*. Passiamo ora all'insieme B e numeriamo i suoi elementi per vedere se possono essere messi a uno a uno in corrispondenza con quelli di A. Questo sarà possibile se alla fine della numerazione avremo trovato che gli elementi di B sono anch'essi pari a *n*. In questo caso diremo che gli insiemi sono composti dallo stesso numero di elementi.

«Questa conclusione evidentemente non vale piú, quando l'insieme delle cose di A è un insieme infinito»: in questo caso, infatti, non possiamo arrivare mai a un'ultima cosa di A perché, essendo infinito, non può esistere. Non possiamo mai raggiungere l'*ultimo* elemento di A.

Tra un insieme *infinito* B e una sua parte *infinita* A non c'è, insomma, alcun paradosso nello stabilire una corrispondenza biunivoca. Siamo molto al di là di Galileo; siamo a un passo dalla definizione dell'infinito come possibilità di stabilire una corrispondenza biunivoca tra il tutto e una sua parte propria, che darà Richard Dedekind qualche decennio dopo. Come vedremo nella successiva parte quarta, quella centrale, nella quale, insieme con Dedekind, il grande protagonista è Georg Cantor.

## Parte quarta

## Georg Cantor scopre, misura e classifica il transfinito

Si presenta spesso il caso che vengano confusi tra di loro [...] i concetti di *infinito potenziale* e di *infinito attuale*, malgrado la loro differenza essenziale. [...] Il primo denota una grandezza variabile finita, che *cresce* al di là di ogni limite finito; il secondo ha come suo significato un quanto *costante, fisso in sé*, tuttavia posto al di là di ogni grandezza finita.
Avviene un'altra frequente confusione con lo scambio tra le due forme dell'infinito *attuale*, e precisamente quando si mettono insieme il *Transfinito* e l'*Assoluto*, mentre questi due concetti sono rigorosamente separati, in quanto il primo è relativo a un *infinito* [*attuale*], sí, ma *ancora accrescibile*, il secondo [a un infinito] non *accrescibile* e pertanto *non determinabile* matematicamente.

*Georg Cantor*

## 1. I NUMERI CARDINALI INFINITI

«Chiamiamo "equivalenti" due insiemi M e N, e indichiamo ciò con

$$M \sim N \qquad \text{oppure} \qquad N \sim M$$

se è possibile porli in una relazione tale che ad ogni elemento di uno di essi corrisponda un elemento e uno soltanto dell'altro».

La definizione che Cantor dà di *equivalenza* (oggi si preferisce il termine *equipotenza*) di due insiemi può apparire, a prima vista, banale e scontata; anzi, addirittura infantile. Infatti un bambino, prima di avere in testa il *concetto* di 'numero cardinale', sa verificare, usando le mani, se due insiemi M e N sono equipotenti o no. «Quante sono le dita della mano destra?» «Cinque» «E quelle della mano sinistra?» «Pure cinque» «E perché?» «Perché le dita di una mano sono *tante quante* quelle dell'altra». Ora «tanti quanti» è il modo nel quale non solo i bambini, ma piú in generale le persone normali, esprimono il concetto matematico di corrispondenza biunivoca.

Abbiamo già accennato nel capitolo 2 della parte terza al concetto di corrispondenza biunivoca. Vediamolo in maniera piú precisa. Una corrispondenza tra M e N si chiama 'univoca' (*da* M *a* N) se a ogni elemento *m* di M è associato uno, e uno solo, elemento di N. È univoca, quindi, per esempio, la corrispondenza che fa passare da un uomo a sua madre (dove allora M è l'insieme di tutti gli esseri umani, N l'insieme di tutte le donne che hanno partorito figli vivi). In questo caso, non è però univoca la corrispondenza inversa,

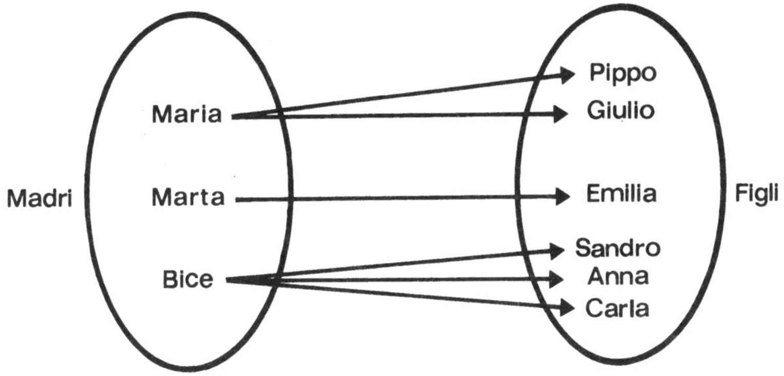


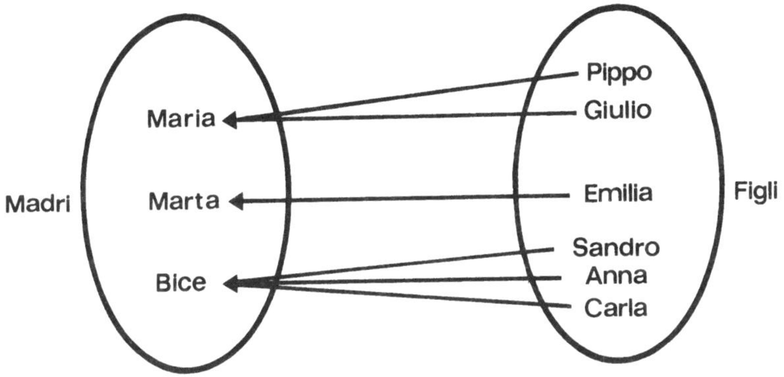


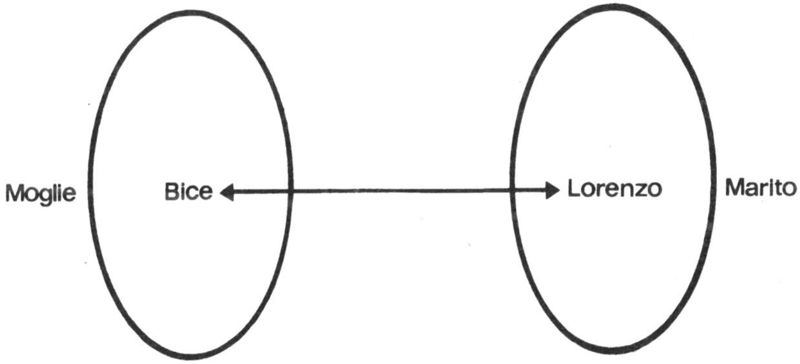


Che tipo di relazioni esistono fra gli insiemi figli-madri, madri-figli, mogli-mariti? Per ogni figlio *una* madre; una madre invece può avere *piú* figli; la relazione è *univoca* in un senso, *plurivoca* nell'altro. Invece, a una moglie corrisponde uno e un solo marito; a un marito corrisponde una e una sola moglie. Questo tipo di relazione si chiama biunivoca, cioè doppiamente univoca; univoca nei due sensi.

perché esistono donne che hanno partorito piú di un figlio vivo, e quindi esistono elementi di N ai quali è associato piú di un elemento M. Biunivoca si chiama una corrispondenza univoca in tutti e due i sensi. Tale è, ad esempio, la corrispondenza tra mariti e mogli in regime di monogamia (legale).

E allora, dove sta la grande scoperta di Georg Cantor?

Sta in questo: che Cantor ebbe l'ardire intellettuale di applicare la definizione infantile di uguaglianza del numero cardinale di due insiemi anche al caso di insiemi infiniti. «Ardire intellettuale» ci sembra l'espressione giusta; la giustificheremo subito, portando l'esempio di due apparenti contraddizioni di fronte alle quali Cantor non si sgomenta. Comprende che si tratta di fenomeni «al di là del credibile» ma non assurdi, paradossi, non antinomie (*paradosso*, dal greco *parádoxos*, significa "contrario alla comune opinione"; *antinomia*, un'altra parola di origine greca, significa "contro la legge", "contraddizione").

1) *Primo fatto incredibile: una parte può essere equivalente al tutto.* Georg Cantor ebbe l'ardire che duecentocinquant'anni prima era mancato a Galileo Galilei.

«Il tutto è maggiore della parte» e quindi: «Il tutto non può essere *uguale* a una sua parte». Queste affermazioni appaiono della piú chiara evidenza; di qui i paradossi, le assurdità inspiegabili, di cui si è parlato nelle pagine precedenti. Ma proviamo a domandarci cosa significa l'aggettivo *uguale*. Normalmente si usa *uguale* con lo stesso significato di *identico*. Ma, in verità, quando si dice che una cosa è uguale a un'altra si sottintende la domanda: «uguale rispetto a che cosa?». E le risposte possono essere: rispetto alla forma, al colore, al numero delle parti di cui sono composte, ecc.

Tenendo presente questo, la contraddizione che fermò Galilei si risolve facilmente. Tutto sta nel fatto che lo stesso aggettivo, *uguale*, viene usato con due significati diversi.

*Primo significato* (Aristotele): la parte non è mai uguale-identica al tutto che la contiene, appunto, come parte, e che ha perciò qualche elemento che nella parte non sta.

*Secondo significato* (Cantor): la parte può però essere uguale per numero al tutto. Tanti sono i numeri quanti i quadrati loro, che pure sono «meno» dei numeri, perché ci sono numeri non quadrati.

«Un oggetto non svolge mai lo stesso ruolo del suo nome e **della sua immagine»**. Il pittore belga Renè Magritte dice una battuta che sembra assurda ma è vera: un cavallo *non* è la sua immagine.

La difficoltà che il genio di Galilei scoprí, ma non superò, deriva perciò dall'impiego del termine *uguale* in due sensi differenti. Usiamo allora aggettivi diversi per i due significati diversi: e siano *identico*, ed *equipotente*. Allora tutto va perfettamente a posto, la contraddizione scompare; il fatto incredibile si trasforma in un fatto normale:

*Nel caso di un insieme infinito, può accadere che l'intero insieme e una sua parte, certamente non identici, siano però equipotenti,* abbiano la stessa *potenza* (è sinonimo di numero cardinale o 'cardinalità').

La incredibilità, a dir il vero, dipende non soltanto dall'equivoco linguistico, ma anche dal fatto che il fenomeno enunciato in (1) non si verifica mai nel caso di un insieme finito e di una sua parte. Ho 4 caramelle per 5 bambini: se pretendo di riuscire a dare una caramella a ogni bambino sono matto, la cosa è assurda. Quando consideriamo contemporaneamente insiemi finiti e infiniti, la equipotenza di un insieme con una sua parte propria non è piú assurda: è, invece, un caratteristica specifica degli insiemi infiniti.

«Definizione. Un sistema S si chiama *infinito*, se è equipotente a una sua parte propria; nel caso opposto si chiama *finito*». Cosí ha inizio il quinto paragrafo, *Il finito e l'infinito*, di un famoso libretto di Richard Dedekind (1831-1916) che il geometra e filosofo italiano Federigo Enriques fece tradurre con il titolo *Essenza e significato dei numeri*. Con questa sua famosa definizione, Dedekind capovolse un modo di pensare millenario. Si era sempre definito l'infinito a partire dal finito, appunto come non-finito; ora, invece, è il finito che diventa il non-infinito.

2) *Secondo fatto incredibile: i punti dello spazio sono tanti quanti quelli di un segmento piccolo a piacere.*

Georg Cantor fu cosí fortemente impressionato da questa *sua* scoperta da scrivere a Dedekind, comunicandogliela: «Lo vedo, ma non lo credo!». La ragione mi dice di sí, ma il fatto mi appare incredibile! La scoperta sconvolgente consisteva nel dimostrare che un quadrato, e cosí pure un cubo, ha tanti punti quanti il suo lato.

a) *Un quadrato Q di lato uno* (una unità di misura, non importa quale) *ha tanti punti quanto il suo lato.*

Possiamo fissare un punto P del quadrato assegnando le sue distanze $x$ dal lato verticale, $y$ dal lato orizzontale (cioè le sue 'coordinate'). È la tecnica che utilizziamo quando cerchiamo sulle *Pagine gialle* la strada Tal dei tali che sta sulla tavola tot nel quadratino A-5, o per trovare la cima della montagna 10,5-4,8 su di una carta topografica. È, in definitiva, la tecnica dei meridiani e dei paralleli. Nel nostro caso, $x$ e $y$ sono due numeri compresi tra 0 e 1. I quattro vertici del quadrato hanno coordinate (girando nel senso delle lancette dell'orologio a partire dal vertice a sinistra in basso):

$$(0,0)\ ;\ (0,1)\ ;\ (1,1)\ ;\ (1,0)\ ;$$

$x$ e $y$ sono numeri che esprimono *misure*, e precisamente misure rispetto al lato preso come «metro», di segmenti non maggiori di esso; sono allora numeri compresi tra 0 e 1. I numeri che esprimono misure, quelli 'razionali' e quelli non razionali (irrazionali) vengono chiamati nel loro insieme 'numeri reali'. Perciò, i numeri che adesso ci interessano, misure di segmenti non superiori al lato del quadrato Q pre-

Il linguaggio degli scacchi: Re nero in D4.
In basso: metodo della coordinate. Una coppia ordinata di numeri basta a individuare un punto in un piano.

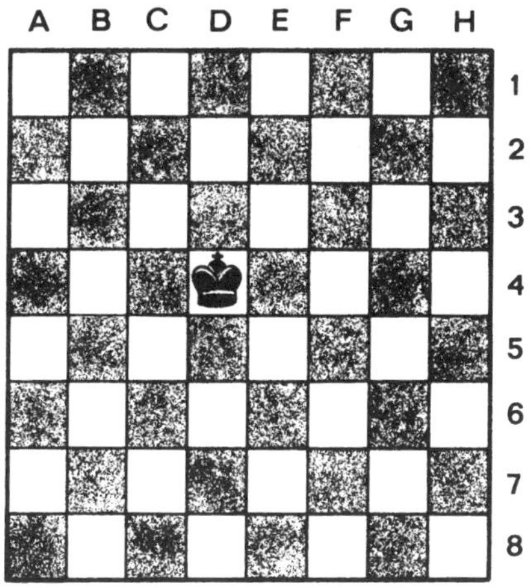


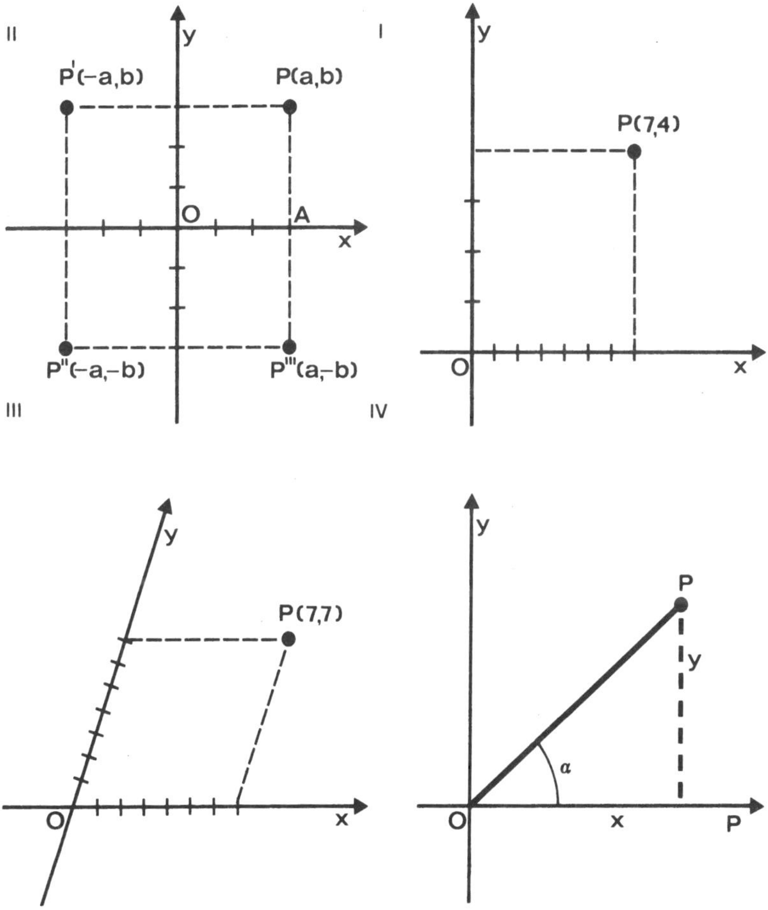

so come metro, sono i numeri reali compresi tra 0 e 1. Un numero siffatto, diciamo $t$, può essere espresso nella forma:

$$t = 0, t_1 \, t_2 \, t_3, \ldots\ldots, t_n \ldots\ldots,$$

dove le $t_1$ sono cifre comprese tra 0 e 9 (supponiamo di usare la ordinaria numerazione decimale). I casi sono due.

- Il numero $t$ è razionale (è una *frazione*, "rapporto", *ratio* in latino, di due interi). Allora, da un certo $n$ in poi o le cifre sono tutte zero, o si ripetono in «periodi» uguali; cosí $0{,}3333\ldots = \frac{1}{3}$.

Il numero $t$ è irrazionale; questo accade quando le infinite cifre non sono tutte zero da un certo punto in poi, e non si ripetono periodicamente.

Per esempio $\sqrt{2} = 1{,}4142\ldots$, che esprime il rapporto tra la diagonale e il lato di un quadrato, è irrazionale (è a infinite cifre, e non è periodico); cosí il famoso $\pi = 3{,}14159 \ldots$ (che le misure non fossero tutte date da rapporti di interi, fu grande scoperta dei greci).

I numeri pari, e cosí quelli dispari, sono tanti quanti tutti gli interi (naturali) (la corrispondenza $n \leftrightarrow 2n$ tra interi e pari è biunivoca, ecc). Possiamo perciò scrivere le coordinate $x, y$ di un punto P nella forma:

$$x = 0, a_1 \, a_3 \, a_5 \ldots$$
$$y = 0, a_2 \, a_4 \, a_6 \ldots$$

($x, y$ rappresentano cosí numeri reali, razionali o non, compresi tra 0 e 1).

Perciò un punto P del quadrato di lato 1 può essere identificato con la coppia (ordinata) di numeri $x, y$ sopra scritti, sue coordinate. (Attenzione, 'coppia ordinata'; l'ordine, cioè la successione, ha una importanza decisiva: i punti (1,0) e (0,1) sono agli estremi opposti!) Cantor ha scoperto che: esiste una corrispondenza biunivoca tra i *singoli* numeri reali compresi tra 0 e 1 e le *coppie* (ordinate) di numeri reali compresi tra 0 e 1. Ne consegue che:

*I punti di un quadrato sono tanti quanti i punti del suo lato!*

La dimostrazione, che è costruttiva, non presenta nessuna difficoltà tecnica. Infatti, alla coppia ordinata *x, y* di numeri reali, compresi tra 0 e 1:

$$x = 0, a_1 \, a_3 \, a_5 \, \ldots$$
$$y = 0, a_2 \, a_4 \, a_6$$

facciamo corrispondere il singolo numero reale compreso tra 0 e 1:

$$t = 0, a_1 \, a_2 \, a_3 \, a_4 \, a_5 \, a_6 \, \ldots$$

Viceversa, al *t* ora scritto facciamo corrispondere la coppia *x*, *y* di sopra, prendendo come cifre della successione *x* quelle di indice dispari, e di *y* quelle di indice pari della successione *t*. E il gioco è già fatto.

b) *Nel caso di un cubo C di lato 1*, possiamo ragionare alla svelta, seguendo la traccia del ragionamento precedente. A un punto P di un cubo di lato 1 corrisponde una terna (ordinata!) di numeri reali, *x, y, z* (vedi fig. p. 58); dove, per esempio, *z* è la quota di P sopra la base, *x* e *y* sono le coordinate della proiezione di P sulla base (pensate a una carta geografica con altimetria).

Sarà:

$$x = 0, a_1 \, a_4 \, a_7 \, a_{10} \, \ldots$$
$$y = 0, a_2 \, a_5 \, a_8 \, a_{11} \, \ldots$$
$$z = 0, a_3 \, a_6 \, a_9 \, a_{12} \, \ldots$$

Infatti le successioni che partono da 1, 2 e 3, saltando a ogni passo tre numeri:

1, 4, 7, ...
2, 5, 8, 11 ...
3, 6, 9, 12 ...

sono altrettanto infinite quanto la successione 1, 2, 3 ... dei numeri naturali. Sono cioè equipotenti alla successione degli interi.

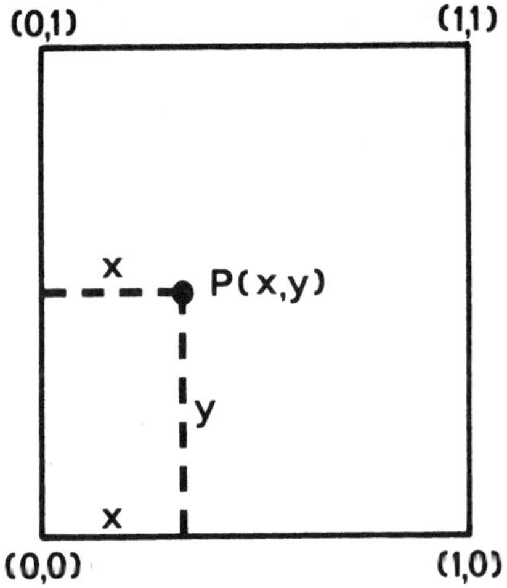


In uno spazio tridimensionale il punto P è individuato da una terna ordinata di numeri reali $x$, $y$, $z$, dove $z$ è la quota di P sopra la base, $x$ e $y$ sono le coordinate della proiezione di P sulla base.

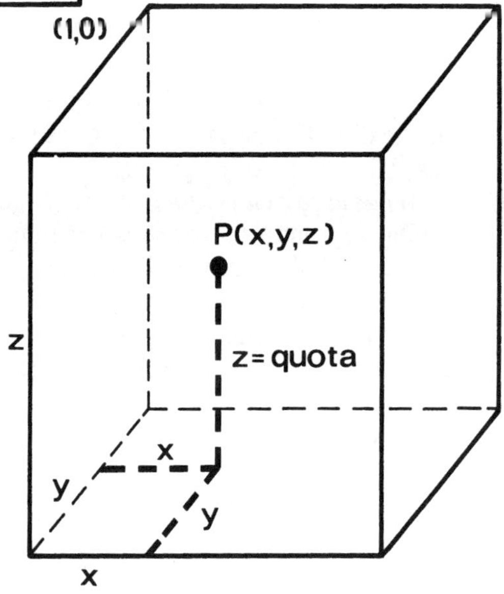


Il gioco è di nuovo subito fatto:

alla terna ordinata $(x, y, z)$ facciamo corrispondere il numero:

$$t = 0,\, a_1\, a_2\, a_3\, a_4\, a_5\, a_6\, \ldots$$

e viceversa al numero $t$, che è il generico numero compreso tra 0 e 1, facciamo corrispondere la terna $(x, y, z)$ sopra scritta, con una tecnica che dovrebbe essere ormai chiara. A questo punto è facile dimostrare, con sufficiente rigore, il paradosso enunciato all'inizio, e cioè che *l'intero spazio contiene tanti punti quanti un segmento, scelto a nostro pia-*

*cere*, piccolo quanto si voglia. Infatti: da una parte, il cubo si può ingrandire a dismisura fino a che, al limite, invada l'intero spazio. Dall'altra, il suo lato, che al limite è una retta, contiene tanti punti quanti un segmento piccolo quanto ci pare, come fa vedere, meglio di lunghe spiegazioni verbali, la figura.

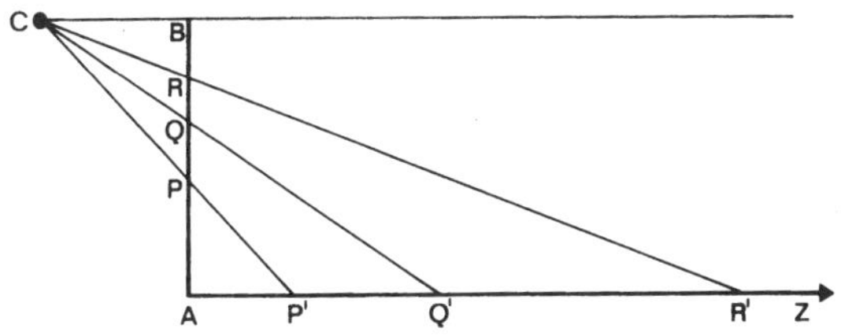


Da dove derivava lo stupore, il senso di incredibile che assalí Cantor dopo questa sua scoperta?

La spiegazione, a cose fatte, è, come sempre accade, molto semplice. Un segmento, un quadrato, un cubo, sono enti geometrici di *dimensione* diversa: rispettivamente di dimensione uno, due, tre. Intuitivamente si è portati a credere che un ente geometrico di *dimensione piú grande* di un altro non possa contenere lo *stesso numero di elementi* di esso, che un palazzo contenga piú punti della sua base e cosí via. Le dimostrazioni sopra fatte falsificano questa credenza, e fanno vedere che enti geometrici (continui) che non hanno le stesse dimensioni, non sono 'equidimensionali', sono invece equipotenti. Ancora una volta, non si deve usare in modo generico, imprecisato, l'aggettivo *uguale: uguale per dimensione,* e *uguale per numero* sono due concetti distinti. Quando Cantor faceva la sua scoperta, non era stata data ancora una definizione precisa di *dimensione*, se ne aveva una idea assai vaga. Era quindi naturale che egli giudicasse paradossale la uguaglianza, per numero di elementi, di enti di dimensione diversa. Si trattava dello stesso meccanismo psicologico che aveva fermato Galileo di fronte al paradosso che l'uguaglianza per numero non implicava l'uguaglianza-identità, nel caso del «*tutto*» e della «*parte*» *di un insieme* (infinito).

## 2. L'INSIEME DI TUTTI I NUMERI NATURALI È SOLO L'INFINITO ATTUALE PIÚ PICCOLO

«Dopo Kant, ha acquistato cittadinanza tra i filosofi la falsa idea che il limite ideale del *finito* sia l'*assoluto*, mentre in verità tale limite può venir pensato solo come un *transfinito* [...] e precisamente come il minimo di tutti i transfiniti [...]» (dalla lettera di Georg Cantor a Gustav Eneström, 1885).

La «falsa idea che il limite ideale del *finito* sia l'*assoluto*» in verità è ben precedente al grande filosofo tedesco Immanuel Kant (1724-1804). Se esiste l'infinito attuale, esso è *unico*: questa è stata l'idea dominante fino a Cantor, perché si identificava il limite del finito con l'assoluto, oltre il quale non si può andare. Ma cerchiamo di vedere meglio come stanno le cose.

Chiamiamo 'numerabile' ogni insieme M che possa essere posto in corrispondenza biunivoca, elemento per elemento, con la successione infinita che chiamiamo N, dei numeri naturali:

$$N = (1 \quad 2 \quad 3 \quad 4 \quad 5 \ldots n \ldots).$$

Allora, secondo la definizione che Cantor dà di equipotenza, diremo che M e N hanno *lo stesso numero cardinale* (infinito) *di elementi*. Chiameremo *potenza del numerabile* tale numero cardinale infinito. Dire che si può porre una corrispondenza biunivoca tra M e N significa poi che a ogni elemento di M si può associare un numero naturale (e viceversa), cioè che gli elementi di M possono essere disposti in una successione numerata che li esaurisce:

$$M = (a_1\ a_2\ a_3\ a_4\ \ldots\ a_n\ \ldots).$$

Dopo la analisi fatta nel capitolo precedente, non deve piú stupirci se accade che M, *pur contenendo N* come sua parte (propria), *sia tuttavia numerabile*. Verifichiamo anzi che le cose stanno di fatto cosí nel caso degli insiemi numerici che si ottengono con i primi successivi ampliamenti di N. Questi ampliamenti di N sono l'insieme Z degli interi relativi (positivi e negativi piú, se vogliamo, lo zero), e l'insieme Q dei numeri razionali (frazionari). Dimostriamolo.

1) *L'insieme Z dei numeri interi, positivi e negativi, piú lo zero, è numerabile.*

Ecco come otteniamo con facilità una numerazione di Z (si seguano le frecce):

$$\begin{array}{ccccccccccccc} 0 \rightarrow & 1 & & 2 & & 3 & & 4 & \ldots\ldots & & n & & \ldots\ldots \\ & \downarrow & \nearrow & \downarrow & \nearrow & \downarrow & \nearrow & \downarrow & & \nearrow & \downarrow & \nearrow & \\ & -1 & & -2 & & -3 & & -4 & \ldots\ldots & & -n & & \ldots\ldots \end{array}$$

È chiaro?

$$a_1 = 0;\ a_2 = 1;\ a_3 = -1;\ a_4 = 2;\ a_5 = -2;\ \ldots;$$

e prima o poi sistemiamo tutti i numeri interi, positivi e negativi, in bell'ordine.

«Ma questo non è l'ordine naturale degli interi relativi!», si osserverà. D'accordo. L'ordine naturale, cioè secondo grandezza, di Z, è

$$Z = (\ldots\ -3\quad -2\quad -1\quad 0\quad 1\quad 2\quad 3\ldots),$$

ma questo ordinamento non è una numerazione nel senso da noi richiesto, perché manca un primo elemento dal quale cominciare a contare. Z è numerabile, sí. Per farlo, però, occorre disporre i suoi elementi in modo diverso dall'unico che abbiamo in testa e che ci sembra, erroneamente, l'unico accettabile.

2) *L'insieme Q di tutti i numeri razionali positivi è numerabile.*

Lo stupore aumenta. Aumenta perché sia in N che in Z, presi nei loro ordinamenti naturali, gli elementi sono disposti in modo discreto; questo vuol dire che tra due numeri interi consecutivi, $n$ e $n + 1$, non ce n'è in mezzo nessun'altro. Invece Q, nel suo ordinamento naturale, secondo grandezza, è *denso*. Tra due numeri frazionari, per quanto vicini, ce ne sono infiniti maggiori del piú piccolo e minori del piú grande dei due. Per evitare di scrivere piú volte uno stesso numero, ci limitiamo a considerare le 'frazioni irriducibili', cioè quelle ridotte ai minimi termini, con numeratore e denominatore primi tra di loro (privi di divisori comuni). Una frazione irriducibile, per esempio, è 3/4: non c'è nessun numero per il quale sia possibile dividere 3 e 4. Suddividiamo le frazioni irriducibili in mucchietti, mucchi e mucchioni *finiti*, accatastando insieme le frazioni irriducibili $p/q$ per le quali la somma $p + q$ del numeratore e del denominatore è un numero naturale fissato. Vediamo cosa c'è nei primi mucchi:

| | |
|---|---|
| mucchio $p + q = 2$ : c'è | 1/1 = 1 |
| mucchio $p + q = 3$ : ci sono | 1/2, 2/1 = 2 |
| mucchio $p + q = 4$ : ci sono | 1/3, 3/1 = 3(2/2 = 1/1 non è irriducibile, la dobbiamo saltare) |
| mucchi $p + q = 5$ : ci sono | 1/4, 2/3, 3/2, 4/1 = 4. |

$p + q = 21$, benché 21 sia un numero «piccolo» sarà già un mucchio abbastanza «grosso»; contiene infatti i numeri razionali: 1/20, 2/19, 4/17, 5/16, 6/15, 8/13, 10/11, 11/10, 13/8, 15/6, 17/4, 19/2, 20/1 = 20.

(*Nota bene*: 3/18; 7/14; 9/12; 12/9; 14/7; 18/3 li abbiamo saltati perché riducibili alle frazioni irriducibili: 1/6, 2/7, 3/4, ecc. già collocate in mucchi precedenti).

$p + q = 137$, o, ancora peggio: $p + q = 1.721.415$ daranno luogo a mucchi che sono, rispetto alla nostra intuizione, il primo parecchio grande, il secondo addirittura enorme.

Comunque, per quanto grande sia $n$, il numero delle frazioni irriducibili $p/q$ per le quali $p + q = n$, con $n$ prefissato ad arbitrio, è un numero finito. Ma allora la numerazione dell'insieme 0 di tutte le frazioni irriducibili è presto fatta (o meglio, è presto detto il criterio da seguire).

*Primo.* Se $m$ è piú grande di $n$ ($m$ e $n$ interi positivi) mettiamo tutte le frazioni del mucchio $p + q = n$ prima di tutte quelle del mucchio $p + q = m$.

*Secondo.* Dentro ogni singolo mucchio, la numerazione può essere fatta in tanti modi. A esempio, partendo dalla frazione col numeratore piú basso, che nel mucchio $p + q = m$ è la $1/m - 1$, e salendo fino a quella col numeratore piú alto, che, nell'esempio in discorso, è la $m - 1/1 = m - 1$.

A ogni frazione (irriducibile) $p/q$ viene cosí riservato un ben determinato numero di posto. Facciamo i primi passi, per capire bene:

$a_1 = 1/1 = 1$
$a_2 = 1/2, \quad a_3 = 2/1 = 2$
$a_4 = 1/3, \quad a_5 = 3/1 = 3$
$a_6 = 1/4, \quad a_7 = 2/3, \quad a_8 = 3/2, \quad a_9 = 4/1 = 4 \ldots$

Questo disordine è un ordine, è una numerazione nel senso che abbiamo sopra definito come corrispondenza biunivoca degli elementi di Q con gli interi naturali. Ci sembra il caos solo per la nostra inveterata abitudine a considerare solo l'ordinamento secondo grandezza (che *non è* per Q *una numerazione*).

E saltiamo a un teorema potente che ci fa passare da un insieme numerabile a un altro insieme ancora numerabile che lo contiene.

3) *L'insieme,* U, *ottenuto mettendo insieme (facendo la unione di) una infinità numerabile di insiemi numerabili:*

$$U_1, U_2, \ldots, U_n \ldots$$

*è ancora un insieme numerabile.*

Per indicare un elemento $a$ di U, dobbiamo impiegare una coppia ordinata di numeri interi, $i, j$: $i$ indica che l'elemento appartiene alla 'componente' $U_i$; $j$ indica che l'elemento stesso sta, in quella componente, all'$j$-mo posto.

Insomma: $a_{ij}$ è l'elemento di U che sta all'$j$-mo posto nella $i$-ma componente, $U_i$ (per esempio: $a_{3,5}$ indica il *quinto* elemento del *terzo* insieme, $U_3$).

Possiamo allora scrivere tutti gli elementi di U in una specie di tabella a doppia entrata (il perché delle frecce sarà chiarito tra poco):

| | | | | | | |
|---|---|---|---|---|---|---|
| $U_1$ : | $a_{11}$ | $a_{12}$ | $a_{13}$ | $a_{14}$ | ... | |
| $U_2$ : | $a_{21}$ | $a_{22}$ | $a_{23}$ | $a_{24}$ | | |
| $U_3$ : | $a_{31}$ | $a_{32}$ | $a_{33}$ | $a_{34}$ | $a_{35}$ | |
| ... | $a_{41}$ | $a_{42}$ | $a_{43}$ | $a_{44}$ | $a_{45}$ ... | |
| ........ | ........ | ........ | ........ | ........ | ........ | |
| $U_i$ : | $a_{i1}$ | $a_{i2}$ | $a_{i3}$ | $a_{i4}$ | ... | $a_{ij}$... |
| ........ | ........ | ........ | ........ | ........ | ........ | |

Se pretendiamo di contare *prima* tutti gli elementi di $U_1$, *poi* tutti quelli di $U_2$, e cosí via, non otterremo mai una numerazione di U (nel senso da noi dato alla parola). Sappiamo ormai però che nel numerare possiamo procedere come meglio ci pare, facendo tutti i salti che vogliamo. Facciamo allora un sistematico giú e su, andando sempre piú in giú nelle righe, sempre piú a destra nelle colonne. Insomma, *procediamo per diagonali*, da sinistra a destra e dal basso in alto. Riusciamo cosí a raggiungere ogni possibile elemento $a_{ij}$ dell'insieme U dopo un numero finito di passi.

Quel numero ben determinato di passi è l'intero positivo da associare (biunivocamente), all'elemento «generico» $a_{ij}$ di U. Abbiamo cosí numerato U!

Già da questi primi esempi, vediamo che moltissimi insiemi assai piú grossi di quello dei numeri interi sono, inaspettatamente!, numerabili. Ma... *non ogni insieme infinito è numerabile.*

È questo il passo avanti decisivo che Georg Cantor fa compiere al pensiero matematico e, con esso, al pensiero umano in generale. La scoperta di questo fatto la possiamo datare con precisione, da una lettera di Cantor a Dedekind: accadde il 12 dicembre 1873. Ecco la data di nascita del concetto di *infinito* attuale 'transfinito', sempre accrescibile, non assoluto.

Passiamo, con Cantor, al secondo gradino della scala del transfinito. Dimostriamo, con Cantor, che: *l'insieme dei punti di un segmento non è numerabile.* Un segmento è un continuo, e *potenza del continuo* si chiamerà allora il numero cardinale transfinito dei suoi elementi. Il risultato che ora passiamo a dimostrare può perciò essere enunciato anche cosí: *la potenza del continuo è superiore a quella del numerabile.*

Abbiamo già visto che i continui delle diverse dimensioni hanno tutti la stessa potenza; perciò la potenza del continuo è il numero cardinale non solo di un segmento e di una retta, ma di un quadrato e di un piano, di un cubo e dell'intero spazio a tre dimensioni. Ogni continuo contiene, ovviamente, sottoinsiemi di elementi che sono numerabili: per esempio, tagliando via via a metà un segmento abbiamo la successione numerabile di punti: $1/2$; $1/2^2$; $1/2^3$; ...; $1/2^n$; ... che è numerabile.

Se accade che un insieme C contiene un sottoinsieme N, e che C però non ha la stessa potenza di N, sarà logico dire che C ha potenza superiore a N; e questo è precisamente quello che facciamo nel caso di continuo e numerabile. Come abbiamo già detto, il 12 dicembre 1873 Georg Cantor, non ancora trentenne, comunicò a Richard Dedekind di aver dimostrato il teorema. Seguiamo il suo ragionamento, nella forma assai semplice che riuscí a dare a esso molti anni dopo.

«Se *m* e *w* sono due caratteri che si escludono a vicenda [possiamo allora in ogni caso porre $m = 0$, $w = 1$; si pensi a caratteri come «vero» e «falso», «acceso» e «spento»] allora noi possiamo considerare una estensione concettuale [un insieme] di elementi

$$E = (x_1, x_2, ..., x_n, ...),$$

che dipendono da infinite coordinate $x_1, x_2, ..., x_n, ...$ ciascuna delle quali è *m* oppure *w* [se usiamo i simboli 0 e 1, allora E è una successione infinita di "zeri" e di "uni", disposti in modo arbitrario]. M sia la totalità [insieme] composta da tutti gli elementi E.

«Agli elementi di M appartengono per esempio i tre elementi seguenti:

$$E^{I} = (m, m, m, m, ...),$$
$$E^{II} = (w, w, w, w, ...),$$
$$E^{III} = (m, w, m, w, ...).$$

«Affermo ora che un insieme M siffatto non ha la potenza della successione 1, 2, ..., $n$, ...».

Continuiamo con parole nostre, ma sempre seguendo il filo di Cantor. Se M avesse la potenza della successione dei naturali, N, sarebbe possibile numerare i suoi elementi E, disponendoli in una successione:

$$
\begin{aligned}
E_1 &= (a_{11}, a_{12}, \ldots, a_{1n}, \ldots)\\
E_2 &= (a_{21}, a_{22}, \ldots, a_{2n}, \ldots)\\
&\ldots\\
E_n &= (a_{n1}, a_{n2}, \ldots, a_{nn}, \ldots)
\end{aligned}
$$

Consideriamo allora l'elemento E di M:

$$E = (b_1, b_2, \ldots, b_n, \ldots)$$

definito cosí: $b_n = 0$ se $a_{nn} = 1$; $b_n = 1$ se $a_{nn} = 0$.

La successione E non coincide perciò con nessuna delle $E_n$ sopra elencate, perché differisce da $E_n$ almeno nell'$n$-mo posto. Ma allora era assurdo supporre che M fosse numerabile; presa infatti comunque una successione di elementi di M, c'è sempre qualche elemento fuori di essa.

Ecco esposto il procedimento diagonale di Cantor, che suscitò discussioni vivacissime, piú o meno con le sue parole. Con tale procedimento abbiamo dimostrato anche che: *un continuo ha potenza superiore al numerabile.* Vediamo perché.

Come abbiamo già visto nel capitolo 1 di questa parte, tutti i continui, anche se hanno dimensione diversa, hanno la stessa potenza. Possiamo perciò prendere come continuo standard un segmento di lunghezza unitaria, cioè l'insieme dei numeri reali (compresi tra 0 e 1). Ora, tali numeri (lasciando perdere lo 0 prima della virgola, che è presente in tutti), in *base due* si scrivono esattamente come successioni infinite dei simboli 0 e 1; sono le successioni E delle quali si è sopra discorso.

La numerazione, in *base due*, o *binaria*, che è quella piú «naturale» per una macchina calcolatrice (0 = non passa corrente, 1 = passa corrente), deriva dal contare per coppie anziché per decine.

Se *conto per coppie*, e non piú per decine, mi servono solo i simboli 0 e 1; perché già *una* coppia di coppie è una quaterna, *una* coppia di quaterne un ottetto, ... Con i due simboli 0 e 1 riesco a scrivere tutti i numeri, sempre tenendo presente la convenzione della posizione, come nella numerazione ordinaria. Scriviamo in base due i *primi interi* e le *prime frazioni* (binarie, attenzione! Non piú decimali):

10 = 1 coppia + 0 unità = due
($1 \cdot 2^1 + 0 \cdot 2^0 = 2$)
11 = 1 coppia + 1 unità = tre
($1 \cdot 2^1 + 1 \cdot 2^0 = 3$)
100 = 1 coppia di coppie + 0 coppie + 0 unità = quattro
($1 \cdot 2^2 + 0 \cdot 2^1 + 0 \cdot 2^0 = 4$)
...
0,1 = 0 unità + l'inverso di due = un mezzo
0,01 = 0 unità + 0 volte un mezzo + 1 l'inverso di due al quadrato = un quarto
...

Il numero 1 lo posso anche scrivere:

0,111.... = un mezzo + un quarto + un ottavo + ...
(vedi «Achille»!)

Lo spazio a nostra disposizione è tutt'altro che infinito; non possiamo dilungarci di piú sulla numerazione binaria.

# 3. UNA PRIMA SCALA DI INFINITI DI POTENZA VIA VIA CRESCENTE

«Questa dimostrazione appare degna di nota non solo a causa della sua grande semplicità, ma, specificamente, anche perché il principio in essa seguito si lascia senz'altro estendere al teorema generale, che le potenze di insiemi ben definiti non hanno alcun massimo, ossia, il che è lo stesso, che ad ogni insieme dato L può essere messo a fianco un altro insieme M di potenza maggiore di L» (Georg Cantor).

La dimostrazione della quale qui Cantor parla è quella che ci ha permesso di osservare, nel capitolo precedente, che la *potenza del continuo è superiore a quella del numerabile.* Sappiamo che l'insieme M ha potenza superiore all'insieme L, se: 1) M contiene una sua parte propria di potenza uguale a quella di L; 2) non è possibile stabilire una corrispondenza biunivoca tra gli elementi di M e quelli di L.

Cerchiamo ora di dimostrare il teorema generale, nel quale si afferma la possibilità di costruire insiemi di potenza sempre piú alta, senza mai giungere a un insieme di potenza massima, a un «assoluto» (che è impensabile).

In un insieme M *qualsiasi* si possono introdurre le cosiddette *funzioni caratteristiche* dei suoi sottoinsiemi. Preso infatti il sottoinsieme I di M, chiamiamo *funzione caratteristica*, f, *associata* a I, la funzione che assume il valore 1 negli elementi di M appartenenti a I, il valore 0 negli elementi di M che invece non appartengono a I.

Ma allora è subito visto che le funzioni caratteristiche di M sono *tante quante* le parti di M. Chiamiamo P (M) (abbreviazione di «parti di M») l'*insieme* dei sottoinsiemi, o «parti», di M. Per dimostrare allora che: *dato comunque un insieme* M, *l'insieme delle sue parti* P (M) *ha potenza a esso superiore*, basterà far vedere che: *l'insieme delle funzioni caratteristiche di* M *ha potenza superiore a* M.

Dimostriamolo. Indichiamo, per brevità, con la sigla f.c. le funzioni caratteristiche. Chiamiamo L l'insieme delle f.c. di M. Le f.c. di L che assumono il valore 1 soltanto per *un* elemento di M sono evidentemente tante quante gli elementi di M; L contiene un sottoinsieme equipotente a M. In secondo luogo: non è possibile stabilire una corrispondenza biunivoca tra gli elementi di L e quelli di M. La dimostrazione è per assurdo. Supponiamo la corrispondenza possibile, e chiamiamo $f_m$ la f.c. (unica) che corrisponde a $m$ di M. Costruiamo allora la f.c. $f$ cosí definita:

$$f(m) = 0 \text{ se } f_m(m) = 1;\ f_m = 1 \text{ se } f_m(m) = 0.$$

La $f$ è una f.c. di M, ma è diversa da *tutte* le $f_m$, in quanto differisce da ogni $f_m$ almeno per il valore che assume in $m$. Perciò le $f_m$ non possono esaurire L, l'ipotesi era assurda. Ricordando la definizione data: *la potenza di L è piú grande di quella di M.*

*Una osservazione*: questo teorema include come primo e piú semplice caso il fatto che *la potenza del continuo è superiore a quella del numerabile.* Infatti, le f.c. di N si possono rappresentare come successioni di 0 e 1. Per esempio:
0101... (alternati) è la f.c. del sottoinsieme dei pari
11111... (sempre 1) è la f.c. dell'intero N
000000... (sempre 0) è la f.c. dell'insieme «vuoto», l'insieme privo del tutto di elementi, da considerare parte di ogni insieme. La *potenza del continuo* si presenta da questo punto di vista come la *potenza dell'insieme delle parti dei naturali.*

Ecco allora trovato *un primo metodo per costruire insiemi transfiniti di potenza via via crescente, all'infinito*. Il metodo consiste nel ripetere l'operazione di passaggio da un insieme all'insieme delle sue parti. Partendo dal transfinito minimo, che è il numerabile (vedi cap. 2), potenza dell'insieme dei naturali N, potremo costruire perciò la scala:

N; P(N) = continuo lineare; P (P(N)) = insieme delle funzioni definite su di un continuo lineare; P (P(P(N))), e cosí via, con parentesi sempre piú abbondanti (tante a sinistra quante a destra).

Una questione di simbolismo. Per motivi che non è qui indispensabile chiarire, l'insieme delle parti, P(M), di un insieme M, si usa denotare cosí:

$$2^{M}.$$

Inoltre, con |L| si indica la potenza, o cardinalità di un insieme L. Perciò, la scala di «potenze crescenti» sopra costruita può essere trascritta cosí:

$$|N| < |2^{N}| < |2^{2^{N}}| < \dots.$$

Ciò premesso, passiamo a una questione grossa.

*C'è, o no, qualche potenza inseribile in mezzo a due elementi successivi della prima scala infinita di numeri cardinali transfiniti sempre piú grandi, che con Cantor abbiamo costruito con successivi passaggi da un insieme al suo insieme potenza?*

Per esempio, indicando con $A^0$ il numero cardinale transfinito piú piccolo, che è la potenza del numerabile N (vedi il capitolo precedente), esisterà, o no, qualche cardinale transfinito compreso tra $A^0$ e $2^{A0}$[1], cioè piú grande di $A^0$ ma piú piccolo di $2^{A0}$? Il caso di A *finito* indurrebbe a una risposta positiva. Infatti, tra 2 e $2^2$ c'è bene di mezzo 3, piú piccolo di 4 ma piú grande di 2, tra $2^2$ e $2^3$ ci sono in mezzo già tre cardinali: 5, 6, 7; e il numero dei cardinali piú grandi di $2^{n-1}$ ma piú piccoli di $2^n$ cresce ovviamente al crescere di *n*.

Consideriamo allora il primo quesito:

*Esiste un numero cardinale piú grande di* $A^0$ *ma piú piccolo di* $2^{A0}$? Poiché abbiamo visto che $2^{A0}$ è la *potenza del continuo*, la domanda può porsi anche cosí:

*Esiste un numero cardinale transfinito compreso tra la potenza del numerabile e quella del continuo?*

Georg Cantor non riuscí a costruirlo, ed espresse quindi la congettura, nota ai matematici come la:

Ipotesi del continuo. *Il continuo è la potenza immediatamente successiva al numerabile.*

Il problema di una eventuale potenza intermedia si ripropone a ogni salto di potenza, da un numero cardinale relativo a un insieme, al numero cardinale relativo all'insieme delle sue parti. Insieme alla ipotesi per cosí dire semplice del continuo venne perciò formulata anche la

Ipotesi generalizzata del continuo. *Quale che sia la potenza già ottenuta nella prima scala dei transfiniti, non esistono potenze intermedie tra di essa e quella successiva nella scala (che è la potenza relativa all'insieme delle parti di un insieme della potenza inizialmente assegnata).*

1. Con $2^{A0}$ denotiamo $|2^N|$, cioè la potenza di $2^N$, insieme delle parti di N. Cantor usa la prima lettera dell'alfabeto ebraico *aleph*; noi, per comodità, usiamo la *A* maiuscola.

Insomma, la scala sarebbe completa. Cosí come non c'è nessuna potenza intermedia tra 1 e 2, tra 2 e 3, ... tra $n$-1 e $n$, ... non ci sarebbe nessuna potenza intermedia tra quella di un insieme infinito e la potenza (piú grande!) dell'insieme delle sue parti.

Vennero dapprima tentate dimostrazioni delle ipotesi del continuo. Poi, qualche matematico (per esempio, il polacco Sierpinski), provò a vedere cosa succedeva se si sviluppava la teoria degli insiemi negando le ipotesi del continuo. Era esattamente la via che aveva seguita, circa due secoli prima, il gesuita italiano Girolamo Saccheri (1667-1733) per dimostrare la impossibilità di geometrie non euclidee, nelle quali cioè non vale il postulato della unicità della parallela per un punto dato a una retta data in un piano.

Bene: accadde, nel caso della negazione della ipotesi del continuo, esattamente quello che era accaduto nel caso della negazione del postulato delle parallele. Vengono fuori risultati strani, poco credibili, paradossali, ma non tuttavia contraddittori.

E la ricerca si è conclusa allo stesso modo. Infatti, come esistono tanto geometrie non euclidee quanto la geometria euclidea (quella «ordinaria»), cosí esiste tanto una matematica cantoriana quanto matematiche non cantoriane (se vogliamo chiamare, come io propongo in questo momento, «cantoriana» la matematica che ha tra i suoi assiomi la ipotesi del continuo).

Questo strabiliante risultato compie quindici anni nel 1981: il matematico al quale esso è dovuto è l'americano Paul Cohen.

Su questo risultato torneremo a lungo nel capitolo 3 della parte sesta, discorrendo di «costruibile e pensabile», di «empirismo e razionalismo». Si tratta di una conquista del pensiero in generale, e non solo della matematica e della logica, conquista che ha, secondo chi scrive, un vero e proprio rilievo storico. Perciò, il capitolo preannunciato e la parte finale di questo, che possono essere saltati da chi vuol soltanto capire bene il concetto cantoriano di «transfinito», sono invece ostacoli obbligatori da superare a chi ha interessi filosofici.

# 4. UNA SECONDA SCALA INFINITA DI INFINITI: GLI ORDINALI TRANSFINITI

«I *numeri ordinali finiti* coincidono perciò nelle loro proprietà con i *numeri cardinali finiti*. Le cose stanno in modo del tutto diverso con i *numeri ordinali transfiniti*: per un assegnato cardinale transfinito, *a*, c'è un *numero infinito* di numeri ordinali, che formano un sistema unitariamente connesso e articolato, che chiameremo "classe numerica Z (*a*)"» (Georg Cantor).

Cominciamo con *i numeri ordinali finiti*. Anche il linguaggio corrente fa una netta distinzione tra *numeri cardinali* e *numeri ordinali*:

uno - primo
due - secondo
tre - terzo
...
enne - ennesimo
*parole diverse per concetti diversi*.

Concetti diversi ma univocamente collegati, nel caso finito. Riflettiamo bene. Cosa vuol dire, per esempio, *quinto*?

Prima risposta: vuol dire *l'ultimo elemento di una successione* di cinque elementi.

Cinque elementi, però, e siano le prime cinque lettere del nostro alfabeto:

*a* *b* *c* *d* *e*,

possono essere disposti in un notevole numero di successioni, per la precisione *centoventi*.

Riflettendo su questa possibilità di diversi ordinamenti in fila di cinque elementi, la definizione sopra data non appare piú tanto soddisfacente al matematico scrupoloso come poteva sembrare all'inizio. Essendo gli ordinamenti possibili piú d'uno, occorre vedere se essi sono o no identificabili (in un senso da precisare), *se hanno tutti le stesse proprietà*, oppure no. Se, per esempio, potesse accadere che una delle successioni ha un ultimo elemento, un'altra no, allora la nostra definizione crollerebbe.

Innanzitutto, sarà utile un accordo preliminare sulla notazione, sul modo di scrivere le cose. Quando stabiliamo un *ordinamento* tra gli elementi di un insieme, scriveremo:

$$a < b$$

se $a$ viene prima di $b$, *precede* $b$. Inoltre, considereremo *ordinato* un insieme quando esso è, come si dice nel linguaggio tecnico dei matematici (che appunto vogliamo cosí alleggerire), *totalmente o linearmente ordinato*, cioè quando, dati comunque due elementi diversi, ce ne è uno dei due che precede l'altro; tutti gli elementi sono in fila, non ce n'è nessuno che non venga né prima né dopo di qualcun altro.

Ciò premesso, scriviamo l'uno sotto l'altro due dei centoventi possibili ordinamenti delle prime cinque lettere dell'alfabeto:

$$a < b < c < d < e$$
$$c < a < b < e < d$$

Poiché il numero *cardinale* degli elementi è lo stesso (cinque), sappiamo che tra gli elementi che compaiono nei due ordinamenti è possibile stabilire (almeno) una corrispondenza biunivoca. Tra le parecchie corrispondenze biunivoche possibili, però, e la scrittura in colonna lo fa saltare agli occhi, ce n'è *una privilegiata* (nel nostro discorso attuale); quella che *rispetta l'ordine*, e che stabiliamo facendo corrispondere al primo elemento del primo ordinamento il primo elemento del secondo ordinamento, al secondo del primo il secondo del secondo, e cosí via fino al quinto del primo, al quale associamo il quinto del secondo.

Appare quindi adeguato, nel caso di insiemi (totalmente) ordinati equipotenti, introdurre il concetto di *corrisponden-*

*za biunivoca* che *conserva l'ordine*. Chiameremo, per brevità, *similitudine* una corrispondenza siffatta. Piú precisamente: dati due insiemi ordinati equipotenti, S e S', diremo che $\sigma$ è una similitudine tra S e S' se:

1) è una corrispondenza biunivoca che accoppia a ogni elemento di S un elemento di S';

2) se $a$ precede $b$ in S, allora $\sigma(a)$ precede $\sigma(b)$ in S'; e viceversa, se $\sigma(a) < \sigma(b)$, allora $a < b$.

Abbiamo ora lo strumento matematico, del resto molto semplice e naturale, che ci consente di dare una definizione rigorosa del concetto intuitivo di «tipo» di un ordinamento.

*Diremo che due insiemi ordinati hanno lo stesso 'tipo ordinale' quando esiste tra di essi una similitudine.*

Uno può scommettere tranquillamente la testa, senza rischio di perderla [2], affermando che:

*Due insiemi ordinati composti da uno stesso numero cardinale* finito *di elementi sono sempre dello stesso tipo ordinale*. Quindi, a ogni *numero cardinale* finito è associato *un* ben determinato tipo ordinale, e di conseguenza, poiché *tipo ordinale* significa "criterio di assegnazione di posto", *un* ben determinato *numero ordinale*.

Confido che qualche lettore intraveda già un certo parallelismo nella trattazione del concetto di cardinale e di quello di ordinale. La intuizione è giusta, precisiamola e sviluppiamola, dopo una indispensabile considerazione preliminare.

Quando si risponde alla domanda: «a quale posto sta un elemento in un insieme?», si pensa a un insieme che è non soltanto *ordinato*, ma *bene ordinato*.

*Un ordinamento di un insieme I si dice «buono» quando ogni sottoinsieme A di I possiede un primo elemento*, cioè un elemento che precede tutti gli altri: un elemento dal quale *si comincia a contare*.

Nel caso di un insieme finito, ogni ordinamento è un buon ordinamento. Non cosí nel caso di I infinito. Per esempio, considerando l'ordinamento secondo grandezza dell'insieme Z di tutti gli interi

2. «Mi faccio tagliare la testa che è cosí», pare dicesse una volta a un collega tedesco Federigo Enriques, genio intuitivo. Al che l'interlocutore, ingegno sistematico e teutonico, spietatamente ma giustamente rispose: «Dolente, ma non sarebbe ancora una dimostrazione».

1) *è bene ordinato* il sottoinsieme dei positivi (dati quanti si vogliano numeri positivi, anche infiniti, tra di essi ce ne è sempre uno che è piú piccolo di tutti gli altri: sarà eventualmente l'*uno*, 'minimo assoluto');

2) *non è bene ordinato* il sottoinsieme dei negativi (esso stesso non possiede un primo elemento: non esiste un numero intero che sia «piú negativo» di ogni altro!).

Abbiamo introdotto, all'inizio del capitolo 1 di questa parte, il concetto di numero cardinale dicendo che due insiemi («disordinati»; *senza struttura*, come dicono i matematici) hanno lo stesso numero cardinale o potenza quando si può stabilire tra di loro una corrispondenza biunivoca.

Ebbene, diciamo ora che:

*Due insiemi bene ordinati* (*b.o.*) *hanno lo stesso numero ordinale se si può stabilire tra di essi una similitudine,* cioè una corrispondenza biunivoca che «rispetti» gli ordinamenti. Andiamo a rileggere ora le due affermazioni di Cantor che abbiamo collocato come sigla in apertura di capitolo.

*Prima affermazione.* «I *numeri ordinali finiti* coincidono [...] nelle loro proprietà con i *numeri cardinali finiti*». Ne abbiamo parlato finora, e su questo non abbiamo dubbi.

*Seconda affermazione.* «Le cose stanno in modo del tutto diverso con i *numeri ordinali transfiniti*». Ecco la novità introdotta dall'infinito: esaminiamo il caso piú semplice, quello dell'infinito numerabile.

*L'insieme degli ordinali finiti* presi in ordine di grandezza *costituisce un insieme b.o.*, N ($\leq$):

$$N(\leq): 0 < 1 < 2 < 3 \ldots < n < \ldots$$

Chiamiamo, con Cantor, $\omega$ il *numero ordinale* che compete a N ($\leq$) e a tutti gli insiemi b.o. a esso simili.

Il lettore, a questo punto, può verificare da solo che N($\leq$) è simile all'insieme dei numeri positivi (si toglie lo zero); all'insieme dei numeri pari, a quello dei multipli di 3, ..., di $n$; all'insieme dei numeri dispari; all'insieme dei quadrati, dei cubi, ecc., tutti ordinati secondo grandezza.

Perché abbiamo cominciato con 0 anziché con 1?

Il premettere lo zero presenta il seguente vantaggio: a ciascuno dei numeri ordinali della successione N($\leq$) (che identifichiamo con $\omega$, prendendola come modello standard di $\omega$)

si può associare come modello standard l'insieme b.o. composto dagli ordinali che lo precedono. Cosí, per es., l'ordinale *cinque* compete all'insieme b.o.:

$$0 < 1 < 2 < 3 < 4.$$

Dato un insieme b.o. qualunque, e sia I(≤), chiameremo suo *tratto iniziale* il sottoinsieme (bene ordinato) degli elementi che precedono un elemento dato di I(≤). L'insieme degli ordinali di N(≤) inferiori a un dato *n*:

$$0 < 1 < 2 < 3 < \ldots < n\text{-}1,$$

che rappresenta l'ordinale *n*, è sempre un *tratto iniziale* di $\omega$, comunque grande si scelga *n*. $\omega$ viene dopo tutti gli ordinali finiti. Se lo vogliamo rappresentare, dovremo perciò collocarlo «al di là del finito» (*trans* in latino vuol dire "al di là") facendolo precedere da tutti gli ordinali finiti:

$$\text{(XX)}\ 0 < 1 < 2 < 3 < \ldots < n < \ldots\ldots\ldots < \omega.$$

Consideriamo attentamente l'insieme b.o. sopra scritto. Esso è costituito dalla successione (bene ordinata) degli ordinali finiti *con l'aggiunta di un elemento* $\omega$ tale che:

$$n < \omega \qquad \text{per ogni } n \text{ finito.}$$

Si tratta di una *successione numerabile*, perché ottenuta dall'insieme numerabile N con l'aggiunta di un elemento, aggiunta del tutto ininfluente sulla cardinalità. Anche la nuova successione è b.o. Infatti, preso un sottoinsieme di suoi elementi: *a*) se esso si riduce al solo $\omega$, ha per primo (e unico!) elemento $\omega$ stesso; *b*) se contiene qualche ordinale finito, ha per primo elemento il piú piccolo di essi.

*Domanda cruciale*: la successione (XX) è *simile* a quella N(≤) dei numeri ordinali finiti, che ha per suo numero ordinale $\omega$?

*La risposta*, decisiva!, è *no*.

Perché no?

Confrontando le due successioni b.o. sopra scritte, ci accorgiamo che nella (XX) compare un *elemento di tipo diverso* da quello di tutti gli elementi della N(≤). E in effetti:

*a*) Ogni ordinale *finito n* è il *successore* di un altro ordinale, che è il suo *precedente immediato n*-1. Ciò significa che *n* segue *n*-1, e che tra *n* e *n*-1 non c'è nessun elemento *x* (diverso da *n* e da *n*-1) che sia minore-uguale a *n*, e maggiore-uguale a *n*-1;

*b*) ω è privo di precedente immediato, non è un successore (perché non c'è un *ultimo* numero intero positivo). È il *limite* della successione N(≤), posto al di là di essa.

ω è il *piú piccolo ordinale transfinito*, il primo ordinale che viene dopo tutti gli ordinali finiti.

Chiameremo *elemento-limite* ogni elemento di un insieme b.o. che non sia un successore.

Ora, è facile vedere che in una similitudine (una corrispondenza biunivoca che conserva l'ordine in senso diretto e inverso), *f*, tra due insiemi b.o. I(≤) e I'(≤), a un elemento successore *s* e al suo precedente immediato *t* debbono corrispondere due elementi *f* (*t*) e *f* (*s*) tali che *f*(*s*) è il precedente immediato di *f*(*t*). Se cosí non fosse, infatti, se esistesse cioè una *x*' di I' tale che:

$$f(t) < x' < f(s),$$

dovrebbe esistere un *x* di I per il quale $x' = f(x)$; allora dalla

$$f(t) < f(x) < f(s)$$

si dedurrebbe:

$$t < x < s$$

perché la *f* è una similitudine; ciò è in contraddizione con l'ipotesi che *s* sia precedente *immediato* di *t*. In conclusione:

*In una similitudine il corrispondente di un successore deve essere necessariamente un successore, e il corrispondente di un elemento-limite deve essere un elemento-limite.*

Di conseguenza: *gli insiemi b.o.* N(≤) *e* (XX) *non sono simili.*

Questo è il risultato fondamentale che *distingue il finito dal transfinito dal punto di vista ordinale;* lo enunciamo di nuovo in una forma piú costruttiva:

*Un insieme infinito numerabile può essere b.o. in modi diversi: alla cardinalità del numerabile corrisponde perciò un insieme di numeri ordinali, mentre a un numero cardinale finito corrisponde un ben determinato numero ordinale.*

Prendiamo adesso una ripida scorciatoia, che può consentire al lettore che ci chiede soltanto risultati globali di vedere, o forse di intravedere, come si costruisce la seconda scala infinita di transfiniti alla quale questo capitolo è dedicato.

Per ottenere diversi buoni ordinamenti di N, abbiamo a disposizione due procedimenti costruttivi:

*a*) l'aggiunta di un successivo immediato dopo un numero ordinale già costruito;

*b*) l'aggiunta di un ordinale limite dopo una successione infinita di ordinali che sono ciascuno il successore del precedente. Il successivo immediato è piú grande del precedente immediato, e il limite è piú grande di tutti gli elementi della successione della quale è il limite (viene dopo); si vede perciò, o quanto meno si intuisce, che i *numeri ordinali relativi alla cardinalità del numerabile costituiscono un insieme bene ordinato* $A_1$ $(\leq)$.

Bene: ma allora possiamo costruire un nuovo ordinale limite, diciamo $\omega_1$, come *il primo ordinale piú grande di tutti gli ordinali* che costituiscono $A_1$ $(\leq)$. Ebbene: la potenza (cardinalità di $A_1$) *deve essere superiore alla potenza del numerabile.*

Se cosí non fosse, infatti, $\omega_1$, che corrisponde a un buon ordinamento di $A_1$, apparterrebbe ad $A_1$, insieme dei numeri ordinali che corrispondono a tutti i possibili ordinamenti del numerabile; a un buon ordinamento del numerabile sarebbe allora associato anche il successivo immediato, $\omega_1 + 1$, di $\omega_1$[3], che segue $\omega_1$, e $\omega_1$ non sarebbe piú grande di *tutti* gli ordinali associati al numerabile, quale invece per definizione è.

Avevamo chiamato «aleph-zero» la potenza del numerabile; abbiamo ora costruito una potenza, che denoteremo con «aleph-uno», superiore a quella del numerabile.

3. Uno in piú, o uno in meno, non scalfisce la cardinalità di un insieme infinito.

Arrivati ad «aleph-uno», a partire dal suo primo buon ordinamento, simboleggiato da $\omega_1$, potremo costruire via via altri buoni ordinamenti, utilizzando come prima le tecniche (*a*) e (*b*). E, alla fine, anzi «al di là della fine», arriveremo a una nuova cardinalità transfinita, «aleph-due», quella dei buoni ordinamenti di un insieme di cardinalità «aleph-uno». E...E perché mai dovremmo fermarci?

Abbiamo cosí una seconda «scala di Giacobbe» che si perde nei cieli del transfinito, la *scala degli aleph* di Cantor. Coinciderà questa *seconda scala con la prima*? quella costruita passando dal numerabile alla potenza dell'insieme delle parti del numerabile, e seguitando poi allo stesso modo con successivi passaggi da un insieme già costruito al suo 'insieme-potenza'? La risposta a questa domanda è molto sottile, ed è dialettica, perché non è né un «sí» né un «no». È lecito fare una matematica nella quale la risposta è «sí», ed è anche lecito fare una matematica nella quale la risposta è «no»; cosí come è possibile supporre euclidea o non euclidea una geometria che soddisfi i soli primi quattro postulati di Euclide. Cercheremo di dare un'idea di questa risposta nel capitolo 3 della parte sesta («Costruibile e pensabile»).

# 5. CRITICA DELLA CRITICA DELLA RAGION PURA

«Il concetto di infinito viene trattato da Kant, senza una seria premessa chiarificatrice, nella sua *Critica della ragion pura*, nel capitolo sulle "Antinomie della ragion pura", in relazione a quattro quesiti, per fornire la dimostrazione che a essi si può rispondere con pari rigore con una *affermazione* e con una *negazione*. Anche tenendo conto della scepsi pirroniana e accademica colla quale Kant ha tanti punti di contatto, nulla ha forse mai portato maggior discredito alla ragione umana e alla sua capacità piú di questa parte della filosofia trascendentale critica!» (dalla lettera di Georg Cantor a Gustav Eneström, 1885).

Andiamo a rileggere quelle *Antinomie della ragion pura* di Immanuel Kant, che Cantor cosí severamente giudica.

«Le antinomie de la ragion pura»
«Primo conflitto delle idee trascendentali»[4]

| *Tesi* | *Antitesi* |
|---|---|
| «L'Universo ha un inizio nel tempo ed è anche racchiuso in limiti dal punto di vista dello spazio». | «L'Universo non ha inizio e non ha limiti nello spazio, bensí è infinito tanto se si guarda al tempo quanto se si guarda allo spazio». |

Fermiamoci per ora alla prima antinomia, concentrando la nostra attenzione sulla dimostrazione che Kant crede di dare di essa *per assurdo*.

**4.** Le *idee trascendentali* sono per Immanuel Kant quelle di *Anima*, di *Universo*, di *Dio*.

«Si supponga infatti che l'Universo non abbia inizio quanto al tempo: allora è trascorsa una eternità fino a ciascun istante dato, e con ciò è fluita [*verflossen*] una successione infinita di stati successivi delle cose dell'Universo. Ora, però, l'infinità di una successione consiste in ciò: che essa non può mai essere completata in una sintesi [ad essa] successiva. Quindi una successione infinita di Universi [già] trascorsi è impossibile, e ciò vuol dire che un inizio dell'Universo è una condizione necessaria della sua esistenza; e questo si doveva innanzitutto dimostrare».

Che la pretesa dimostrazione sia fondata sulla confusione (sulla non distinzione) tra infinito attuale *transfinito* e infinito attuale *assoluto*, mi sembra chiaramente comprovato dalla «Osservazione sulla I Tesi». In essa Kant dice: «Infinita è una grandezza, al di sopra della quale nessuna di essa maggiore è possibile».

Il concetto cantoriano di infinito attuale transfinito, relativo e non assoluto, fa cadere la «dimostrazione» sopra riportata; la prima antinomia si dissolve.

Anche la seconda antinomia è di tipo matematico, ed è in definitiva riconducibile al problema della composizione del continuo.

La *tesi* suona cosí: «Ciascuna sostanza composta nell'Universo consiste di parti semplici, e non esiste in generale altro se non il semplice, oppure ciò che da esso è composto».

La *antitesi* è allora: «Nessuna sostanza composta nell'Universo consiste di parti semplici, e non esiste in generale in essa nulla che sia semplice». Bertrand Russell dedica il XLII capitolo dei suoi *Princípi* della matematica a «La filosofia del continuo».

All'inizio del capitolo successivo, Russell afferma che «tra le antinomie matematiche» (di Kant) «la seconda, che si riferisce essenzialmente al problema se il continuo abbia o no elementi, fu risolta nel capitolo precedente, in base alla supposizione che vi possa essere un infinito attuale; essa fu ridotta, cioè, alla questione del numero infinito»[5].

5. La terza e la quarta antinomia di Kant riguardano rispettivamente *determinismo* e *libero arbitrio*, affermazione e negazione della esistenza di Dio. Questa ultima antinomia ci sembra implicare piuttosto la questione dell'infinito assoluto che non quella del transfinito; ne riparleremo perciò nella Appendice prima («Dio: un presente o un futuro?»).

Possiamo concludere questa parte, che è la parte centrale, decisiva del nostro saggio, sottolineando il fatto che l'idea cantoriana di un 'infinito intermedio', cioè di un infinito che è sí *attuale* e *non solo potenziale*, ma che tuttavia è *accrescibile* (non è assoluto), scioglie alcune grosse contraddizioni, trasforma molte importanti antinomie in paradossi.

Vedremo ora, nella parte che segue, che la teoria di Cantor farà esplodere nuove, clamorose antinomie, contenute nella forma ingenua a essa data dal suo creatore. Ci limiteremo in un primo momento a esporle, per vedere solo successivamente come possano a loro volta essere trasformate in paradossi da una analisi logica piú raffinata ancora di quella di Georg Cantor.

## **Parte quinta**
## Le antinomie. La crisi dei fondamenti

La logistica non è piú sterile, ha generato le contraddizioni.

*Henri Poincarè*

All earthly knowledge finally explored
Man feels himself from doubt and dogma free.
There are more things in Heaven, though, my lord
Then are dreamed of in your philosophy.*

*Bertrand Russell*

* La conoscenza in terra ormai esplorata
da dogmi e dubbi libero mi sento.
Ci sono piú cose in Cielo, o mio Signore
di quante sa la tua filosofia.

# 1. RUSSELL SCRIVE A FREGE: «HO INCONTRATO UNA DIFFICOLTA'»

Friday's Hill, Haslemere, 16 giugno 1902

«Caro collega,

«[...] io mi trovo in completo accordo con lei in tutte le cose essenziali, particolarmente quando lei respinge ogni momento psicologico nella logica, e quando lei ripone grande valore in una ideografia per la fondazione della matematica e della logica formale, che, sia detto incidentalmente, è ben difficile distinguere. [...] C'è solo un punto dove io ho incontrato una difficoltà. [...] Sia *w* il predicato: "essere un predicato che non può essere predicato di se stesso". Può *w* essere predicato di se stesso? Da ogni risposta discende l'opposta. Perciò dobbiamo concludere che *w* non è un predicato. Similmente non esiste (come totalità) una classe di tutte le classi che, prese ciascuna come una totalità, non appartengono a se stesse. Da ciò traggo la conclusione che in determinate circostanze una collezione definibile non forma una totalità» [non può cioè, aggiungiamo noi, essere considerata come costituente un nuovo elemento].

Vediamo di capire meglio la «difficoltà» che nel 1902 l'inglese Bertrand Russell (1872-1970) esponeva al tedesco Gottlob Frege.

## *Antinomia di Russell*

«Alcune classi sono elementi [*members*] di se stesse, altre non lo sono: la classe di tutte le classi è una classe, la classe delle non-teiere [*not-teapots*] è una non teiera.

«Consideriamo ora la classe di tutte le classi che non sono elementi di se stesse. Se essa è un elemento di se stessa, allora non è un elemento di se stessa» [in quanto i suoi elementi sono bene le classi *non* elementi di se stesse].

«Se essa non lo è, lo è» [perché *ogni* classe non elemento di se stessa appartiene alla classe di tutte le classi che non sono elementi di se stesse].

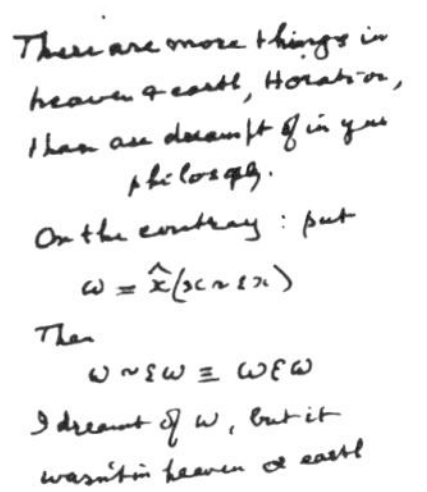

There are more things in heaven & earth, Horatio, than are dreamt of in your philosophy.
On the contrary: put
$\omega = \hat{x}(x \sim \varepsilon x)$
Then
$\omega \sim \varepsilon \omega \equiv \omega \varepsilon \omega$
I dreamt of ω, but it wasn't in heaven or earth

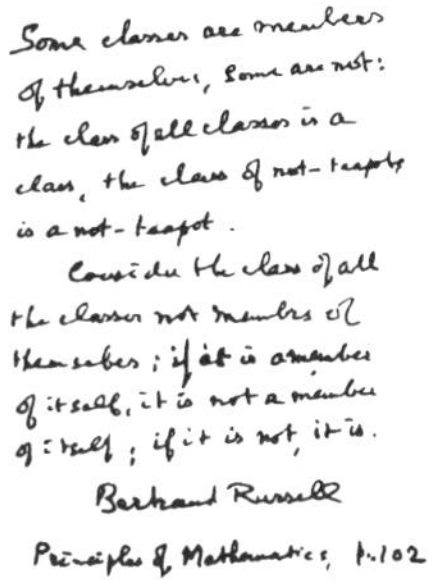

Some classes are members of themselves, some are not: the class of all classes is a class, the class of not-teapots is a not-teapot.
Consider the class of all the classes not members of themselves; if it is a member of itself, it is not a member of itself; if it is not, it is.
Bertrand Russell
Principles of Mathematics, p.102

Una caricatura di Bertrand Russell; a fianco, i due manoscritti del paradosso delle classi elementi di se stesse.

Questa antinomia può essere esposta in modo piú chiaro. Vediamolo. Ci sono alcuni *attributi* che convengono a se stessi. Cosí, l'aggettivo *italiano* è italiano, l'aggettivo *sdrucciolo* è sdrucciolo, quello *polisillabo* è polisillabo. Altri, invece, non convengono a se stessi, non «predicano» una proprietà da essi stessi posseduta: *tronco* non è una parola tronca, *monosillabo* non è monosillabo.

Chiamiamo *eterologico* l'aggettivo che esprime la proprietà di un attributo di non convenire a se stesso. Poniamo la domanda: eterologico è eterologico, o no? Risposte:

1) *Se eterologico è eterologico, allora non è eterologico* (perché conviene a se stesso).

2) *Se eterologico non è eterologico, allora è eterologico* (perché non conviene a se stesso).

Il circolo si chiude su se stesso, viziosamente:

*Se sí, allora no; se no, allora sí.*

Bertrand Russell «sentí» la classe da lui ideata come una scoperta che apriva una dimensione sconosciuta; la considerò come un ente del tutto nuovo; che non stava né in cielo né in terra.

«Al contrario: poniamo

$$\omega = \hat{x}\,(x \sim \in x)$$

allora

$$\omega \sim \in \omega \equiv \omega \in \omega.$$

«Io ho sognato di $\omega$, ma non era né in cielo né in terra».

(Il lettore rilegga ora la sigla di questa parte, e comprenderà perché il libero pensatore inglese rovescia il tradizionale rapporto tra conoscenza umana-relativa, e conoscenza divina-assoluta: è alla *tua* filosofia, o Signore, che sono sconosciute cose che la *mia* ragione costruisce).

Dobbiamo al lettore una traduzione degli ideogrammi usati sopra da Russell. Eccola:

$\hat{x}\,(\ldots)$ = classe di tutti gli insiemi $x$ tali che ...
$\in$ = simbolo di appartenenza (di un elemento a una classe)
$\sim$ = simbolo della negazione
$\equiv$ = se, e soltanto se

Servendoci di questo vocabolario, possiamo leggere nel linguaggio ordinario le frasi scritte in «geroglifici logici» da Russell.

$$\omega = \hat{x}\,(x \sim \in x)$$

vuol dire: «$\omega$ è la classe di tutti gli $x$ tali che $x$ non è elemento di $x$».

$$\omega \sim \in \omega \equiv \omega \in \omega$$

vuol dire: «$\omega$ non *è* elemento di $\omega$ se e, soltanto se, è elemento di $\omega$».

Alla lettera di Bertrand Russell, Gottlob Frege rispondeva il 22 giugno 1902:

«La vostra scoperta della contraddizione mi ha causato la piú grande sorpresa e, starei per dire, costernazione, poiché ha scosso la base sulla quale intendevo costruire l'aritmetica».

La «ipotesi fondamentale» di Frege che l'antinomia di Russell dimostrava erronea, può essere espressa come *principio incondizionato di comprensione* nella seguente forma:

*Ogni proprietà definisce l'insieme degli elementi che la verificano* (la sua 'estensione').

«Avrei volentieri rinunciato a questo fondamento se avessi saputo come sostituirlo», scrive Frege nell'*Epilogo* che egli aggiunse al secondo volume dei suoi *Fondamenti dell'aritmetica*, addirittura già in bozze quando la lettera di Russell era pervenuta al suo autore. Frege seguita dicendo:

«E ancora adesso non comprendo come l'aritmetica possa venir fondata scientificamente [...] se non è permesso [...] passare da un concetto alla sua estensione. Posso parlare in ogni caso dell'estensione di un concetto, ossia posso in ogni caso parlare di una classe?

«*Solatium miseris, socios habuisse malorum* [È consolazione per gli infelici avere avuto compagni delle loro sventure]. Questo conforto, se conforto è, soccorre anche me. Infatti, tutti coloro che nelle loro dimostrazioni hanno fatto uso di estensioni concettuali, classi, insiemi, sono nella mia stessa situazione. Qui non è in causa il mio metodo di fondazione particolare, ma la possibilità di una fondazione logica dell'aritmetica in generale».

I *soci malorum*, i compagni di sventura di Gottlob Frege, sono quindi *tutti* i matematici. Con l'antinomia di Russell si apre perciò la *crisi dei fondamenti della matematica*, di *tutta* la matematica. Questo spiega, a nostro avviso, il fatto che l'antinomia di Russell occupi storicamente una posizione dominante tra le antinomie dell'infinito attuale. Essa si riferisce infatti all'uso della parola *tutti* come possibilità di costruire, in generale, l'insieme «estensione» di una proprietà.

## 2. LE «CLASSI TOTALI» SONO INCONSISTENTI

«"Il carattere contradditorio delle ipotesi di una esistenza simultanea" di tutte le "pluralità o successioni bene ordinate", alle quali egli "aveva assegnato i numeri cardinali: aleph-0, ..., aleph-1 ..., aleph-$\omega_0$, ..., aleph-$\omega_1$ ..." aveva preoccupato Cantor a partire dal 1895» (E.W. Beth).

Georg Cantor venne messo in gravissime difficoltà, tali da minacciare il crollo di tutta la sua mirabile costruzione, proprio dall'uso di quelle parole ardite che gli avevano aperto la strada a grandi conquiste, dalle parole: «Tutti insieme».

Infatti il grande balzo che Georg Cantor ha fatto compiere al pensiero in generale (non solo a quello matematico, non ci stanchiamo di ribadirlo) è stata la introduzione di scale infinite di infiniti attuali: i transfiniti, «enti del pensiero» che sorgono appunto dalla affermazione della pensabilità «tutti insieme», contemporaneamente, degli elementi di insiemi infiniti, e «sempre piú» infiniti.

La *prima scala* infinita di transfiniti costruita da Cantor, come abbiamo visto, è quella composta da *numeri cardinali transfiniti* via via crescenti. Si parte dalla potenza del numerabile (il piú piccolo numero cardinale infinito che ci sia, associato all'insieme dei naturali); si pensano poi «tutte insieme» le parti (sottoinsiemi) di quel primo infinito attuale, e se ne ottiene un altro di potenza maggiore; e si prosegue con la stessa tecnica del passaggio dell'insieme già ottenuto all'insieme delle sue parti, per costruire infinitamente e transfinitamente insiemi di potenza sempre crescente.

Abbiamo poi esaminato anche una *seconda scala* di insiemi di potenza crescente al di là di ogni limite finito e infinito, *quella degli ordinali transfiniti*. Ebbene: tutte e due le scale di Cantor implicano contraddizione, conducono a una antinomia, se si vogliono pensare i loro elementi «tutti insieme».

La *antinomia di Cantor* nasce dalla locuzione «tutti i cardinali»; la *antinomia di Burali-Forti* vien fuori dall'uso dell'espressione: «tutti gli ordinali».

Passiamo dunque alla esposizione della:

*Antinomia di Cantor o della «classe totale»*

*Supponiamo pensabile come insieme* la totalità degli insiemi, la *classe totale*, A, che potremo allora chiamare l'«insieme di tutti gli insiemi».

Il concetto di un insieme A, gli elementi del quale sono gli insiemi, sembra a prima vista del tutto corretto.

In fondo, anche nel caso di *insiemi finiti ben definiti ma molto grandi*, come già osservava Bolzano nei suoi *Paradossi dell'infinito*, noi non pensiamo gli elementi *uno per uno*.

Li pensiamo collettivamente, come se fossero messi in un grande sacco, o in una cassa chiusa con dentro loro, o il loro elenco, e con sopra l'etichetta «P» della proprietà per la quale li ammucchiamo insieme. Per fare un esempio di Bolzano, quando pensiamo l'*insieme dei cittadini di Praga* (registrati in un dato censimento), noi non li «vediamo» davvero uno per uno tutti insieme, e neppure ci mettiamo a elencarli tutti, uno per uno: pensiamo riuniti in un unico oggetto del pensiero tutti e soli gli uomini, le donne, i bambini che in un dato censimento risultano godere della proprietà di «essere cittadino di Praga».

Sembra perciò del tutto innocente mettere in un unico enorme sacco senza fondo, ma con pareti, tutti gli oggetti del pensiero che godono della proprietà di «essere un insieme». Infatti, dato un oggetto del pensiero, non abbiamo nessuna difficoltà a decidere se *è*, o *non è*, un insieme. Un concetto astratto, come: «libertà», «filosofia», «matematica», «civiltà» *non è* un insieme; gli «schiavi nell'antica Roma», i «filosofi tomisti del 1300», i «giocatori della Juventus nel campionato 1979/80», e così via, *sono* invece insiemi.

Invece, riunire in un unico «insieme» A *tutti* gli insiemi, è una operazione tutt'altro che innocente, che nasconde un pericolo mortale. Del rischio che corriamo parlando dell'*insieme* di tutti gli *insiemi* ci dà un preannuncio, del resto, la *antinomia di Russell* studiata nel capitolo precedente. Infatti, l'«insieme di tutti gli insiemi che non possiedono se stessi come elemento», di per sé molto piú piccolo della classe totale, ci ha trascinato nel baratro della contraddizione, nell'inferno dove «sí» implica «no» e «no» implica «sí».

Infatti, l'insieme delle parti (sottoinsiemi) di A, che abbiamo chiamato P(A), dovrebbe avere da un lato *potenza superiore* ad A, per quanto dimostrato in generale. Ma A, essendo l'insieme di *tutti* gli insiemi, contiene P(A) come suo sottoinsieme, quindi P(A) dovrebbe avere potenza *non superiore* ad A. Ecco la Prima Antinomia, non già della «Ragion pura» di Kant, ma degli «Insiemi ingenui» di Cantor.

Passiamo ora alla *seconda antinomia*, quella di Burali-Forti (1861-1931), legata ai numeri ordinali transfiniti.

### *Antinomia di Burali-Forti*

Ritorniamo un momento alla costruzione della scala senza fine dei numeri ordinali transfiniti.

Innanzitutto, ricordiamo che un numero ordinale *u è* piú piccolo di un numero ordinale *v*, se *u* può essere preso come tratto iniziale di *v*. Per esempio: 5 è piú piccolo di 237, perché dati 5 oggetti messi uno dopo l'altro li posso sempre considerare come i primi cinque oggetti di 237 messi (comunque) in fila, facendoli corrispondere ordinatamente ai primi cinque oggetti della fila dei 237. Lo stesso posso fare anche con una fila di $\omega$ oggetti, e siano per esempio i numeri naturali in ordine di grandezza, rispetto a una fila di $2\omega$ oggetti, che posso rappresentare con due successioni consecutive di naturali; piú in generale, $\omega$ è il tratto iniziale di ogni ordinale che viene dopo di $\omega$.

Non lo abbiamo dimostrato, ma è intuitivo, che dati due ordinali *u* e *v*, uno dei due è piú piccolo dell'altro, e che il criterio di confronto sopra esposto dà una relazione di «minore-uguale», che è una relazione di *buon ordine* in senso rigoroso.

Bene: preso allora comunque un ordinale *v*, la «fila» costituita da tutti gli ordinali che lo precedono, partendo dallo zero!, è un insieme bene ordinato che costituisce un modello dell'ordinale *ν* stesso. Insomma, se chiamiamo *k* (*ν*) l'insieme degli ordinali piú piccoli di *ν*, presi ordinatamente, *k* (*ν*) è un rappresentante del tipo d'ordine *ν*. Sia invece *h* (*ν*) l'insieme bene ordinato costituito da tutti gli ordinali minori di *ν con l'aggiunta di ν stesso come ultimo elemento.*

L'ordinale associato a *h* (*ν*) è piú grande di *ν*; per essere precisi, è l'ordinale $\nu + 1$ *immediatamente successivo a ν.*

Proviamoci a prendere allora in considerazione *l'insieme di tutti gli ordinali*: mettiamo dentro un enorme sacco senza fondo, ma con pareti che impediscono l'entrata o l'uscita di oggetti, tutti gli enti del pensiero che sono numeri ordinali, ed essi soltanto. La classe O, considerata rispetto alla relazione di «minore-uguale» sopra definita, è un «insieme bene ordinato». Possiamo allora considerare l'ordinale associato a *h* (O), O' = O + 1 e arriviamo a una *contraddizione*: O' è un ordinale, quindi un elemento dell'insieme bene ordinato O costituito da *tutti* gli ordinali; perciò gli ordinali minori-uguali a O' costituiscono un tratto iniziale di O, e *pertanto O' non può essere maggiore di O*; O' è però il successivo immediato di O, O' = O + 1, e *pertanto O' è maggiore di O.*

Abbiamo visto cosí che le due «grandi classi», le due «ultratransfinite» totalità di *tutti i cardinali* e di *tutti gli ordinali*, sembrano implicare contraddizione se pensate *come date, come esaurite.*

# 3. LA BIBLIOTECA DI BABELE E IL PARADOSSO DI RICHARD

«[...] la Biblioteca è totale [...] i suoi scaffali registrano tutte le possibili combinazioni [di un dato numero finito] dei venticinque simboli ortografici (numero, anche se vastissimo, non infinito) cioè tutto ciò ch'è dato di esprimere, in tutte le lingue» (Jorge Luis Borges, *Finzioni*).

«Tutto», prosegue lo scrittore argentino: «la storia minuziosa dell'avvenire, le autobiografie degli arcangeli, il catalogo fedele della Biblioteca, migliaia e migliaia di cataloghi falsi, la dimostrazione della falsità di questi cataloghi, la dimostrazione della falsità del catalogo fedele, l'Evangelo gnostico di Basilide, il commento di questo Evangelo, il commento del commento di questo Evangelo, il resoconto veridico della tua morte, la traduzione di ogni libro in tutte le lingue, le interpolazioni di ogni libro in tutti i libri».

La *finzione* (*Finzioni* è il titolo del libro da cui abbiamo tratto la citazione) di Borges è che «l'universo (che altri chiama la Biblioteca) si compone di un numero indefinito, e forse infinito, di gallerie esagonali». In ogni galleria, «venticinque scaffali. [...] Ciascuno scaffale contiene trentadue libri di formato uniforme; ciascun libro è di quattrocentodieci pagine; ciascuna pagina, di quaranta righe; ciascuna riga, di quaranta lettere di colore nero».

Non per pignoleria, ma per chiarezza di discorso, precisiamo un punto, che nelle parole fin qui riferite di Borges può risultare equivoco. I libri diversi tra di loro della Biblioteca di Babele sono in numero *determinato* e *finito* (non «infinito», e neppure «indefinito» come dice qui Borges).

Non è difficile rendersene conto; basta impadronirsi di quelle prime «nozioni di analisi combinatoria» che sono contenute in un testo, scritto in samoiedo-lituano del Guarani, con inflessioni di arabo classico, reperito nella Biblioteca di Babele (dove c'è tutto, ma è estremamente improbabile trovare pagine sensate, se pure in samoiedo-lituano).

Scritto come un'unica frase, un libro della Biblioteca di Babele è una frase con un numero «anche se vastissimo, non infinito» di lettere; numero che possiamo calcolare, se ricordiamo che le pagine di un libro sono 410; le righe di una pagina 40; le lettere di una riga pure 40, e che l'alfabeto ha 25 lettere.

Per il calcolo ci serve solo una formula, che estende quella che dà il numero dei risultati possibili di *n* partite di calcio. *Una* partita, *tre* risultati possibili; *due* partite, *nove* = $3^2$; ...; *tredici* partite, $3^{13}$; *n* partite, $3^n$. Questo perché i tre risultati possibili di ogni partita si combineranno in tutti i modi possibili con quelli delle altre, dai quali sono dipendenti. Nel nostro caso per ogni lettera abbiamo 25 scelte; perciò le frasi di *n* lettere sono $25^n$.

Allora, visto che una pagina può essere scritta come un'unica frase di $40 \times 40 = 40^2 = 1.600$ lettere, tutte le possibili *pagine* sono: $25^{40^2} = 25^{1.600}$. Un libro può essere scritto come un'unica frase di $1.600 \times 410 = 656.000$ lettere (l'autore non risponde della esattezza del calcolo, il lettore è pregato di controllare).

*Esistono perciò in tutto soltanto* $25^{656.000}$ libri diversi tra di loro, «non» infiniti libri diversi tra di loro. E la differenza tra un numero «anche se vastissimo non infinito», e l'infinito, è ben piú che «vastissima»: è infinita. Alla fine della sua narrazione, il «bibliotecario di Babele» chiarisce bene la sua affermazione, equivoca all'inizio, che il numero delle gallerie esagonali è «forse infinito». Ciò corrisponde alla sua ipotesi finale, che «la Biblioteca è illimitata e periodica»; il numero dei volumi è allora *finito*, quello delle gallerie esagonali *no*, perché *gli stessi volumi si ripetono nello stesso ordine, periodicamente*.

Nella Biblioteca di Babele, c'è una limitazione del numero delle pagine, delle righe per pagina, delle lettere per riga di ogni libro; limitazione (a mio avviso purtroppo) non prevista dalle leggi vigenti sull'editoria. Chiediamoci quindi: *quanti sono tutti i possibili libri*, nella ipotesi che un libro possa contenere un numero (naturalmente intero) *n* di lettere, grande a piacere. Sotto questa ipotesi, l'*insieme di tutti i libri* è l'unione di un *insieme numerabile di insiemi finiti* di libri; $L_1$, $L_2$, ... , $L_n$, ... ; dove $L_n$ è l'insieme dei libri con *n* lettere. Da un teorema di Cantor già studiato, che abbiamo chiamato il «teorema fondamentale del numerabile» (IV,2), deduciamo allora che *l'insieme dei libri è numerabile*, cioè:

*L'insieme dei libri di lunghezza arbitraria è numerabile.*

Naturalmente, un sottoinsieme infinito numerabile dell'insieme dei libri sarà costituito dai libri senza senso alcuno.

Ma supponiamo pure che tutti i possibili libri, cioè tutte le possibili *parole* (o frasi, o come vogliamo chiamarle: insomma le *stringhe* di lettere) abbiano un senso[1].

Dal calcolo fatto, sembra corretto dedurre che:

*Tutti i significati possibili sono infiniti sí ma numerabili*, o se vogliamo, piú pomposamente e piú poeticamente:

*È possibile solo un'infinità numerabile di pensieri aventi un senso preciso.*

Questa la nostra lunga e onesta premessa al «paradosso di Richard», che passiamo a esporre con le parole di un grande matematico francese del primo Novecento, empirista in filosofia, Emile Borel. Naturalmente, Borel parte dalla lingua francese, ma si può fare lo stesso ragionamento con la lingua italiana.

> «Il numero delle parole nella lingua francese essendo limitato, il numero delle frasi di dieci parole è esso stesso limitato. Fra tutte le frasi possibili ottenute combinando in tutte le maniere possibili dieci parole francesi, la maggioranza non ha alcun senso; fra quelle che hanno un senso, solo una debole parte definisce un numero intero determinato. C'è dunque un numero limitato di numeri interi cosí definiti; tra di essi, ci sarà bene un massimo».

Aggiungo uno, e ottengo il *numero minimo tra quelli non definibili con dieci parole* (al piú) *della lingua francese*.

1. Avvertiamo sportivamente il lettore che da questo momento fino alla fine del capitolo egli non si deve piú fidare di quanto scrive, maliziosamente, l'Autore.

Chiamiamolo *x*. E diciamo ora la frase sconvolgente: «*Soit* x *le nombre entier minimum indéfinissable par dix mots*»[2].

Perché sconvolgente?

Ma contate, vi prego, il numero delle parole! Sono dieci. *Il piú piccolo numero non definibile con dieci parole è definibile con dieci parole.*

E siamo arrivati a una contraddizione. Risulterà chiaro da una successiva «spiegazione» perché sia lecito definire il «paradosso di Richard» anche «paradosso della Biblioteca di Babele».

2. Sia *x* il numero intero minimo indefinibile con dieci parole.

## Parte sesta

# Non antinomie
# ma dimostrazioni per assurdo

Nessuno ci potrà scacciare dal paradiso che Cantor ci ha procurato.

*David Hilbert*

## 1. ESISTONO CLASSI AL DI LÀ DEGLI INSIEMI

«Affermo che il sistema A [...] di tutte le classi pensabili [...] completamente determinato e ben definito, non è un "insieme". Esistono perciò molteplicità ben determinate, che *non sono nello stesso tempo unità*; esistono cioè molteplicità nelle quali è *impossibile* un reale "essere insieme" di tutti i loro elementi. Questi sono quelli che io chiamo "sistemi inconsistenti"; gli altri li chiamo invece "insiemi"» (dalla lettera di Georg Cantor a Richard Dedekind, 1899).

La precedente affermazione di Cantor, che abbiamo posto come sigla di questo capitolo (quasi) conclusivo, contiene una ambivalenza verbale, che è carica delle *due* diverse, e in sostanza opposte, soluzioni, che vennero proposte nei primi decenni del Novecento per uscire dalle antinomie insiemistiche di Russell, Cantor, Burali-Forti.

Infatti: *cosa vuol dire:«non è un insieme»*?

Può significare due cose:

*a*) è un *ente mentale* «inconsistente», cioè *illegittimo*, illusorio, che bisogna escludere dalle nostre considerazioni.

*b*) è un *ente mentale ammissibile* «consistente» (non contraddittorio), che non rientra però nella categoria degli insiemi, che deve essere pensato come *cosa diversa da un insieme «ordinario»*.

1) Il mettere da parte, come *priva di senso*, una locuzione che porta a un non-senso; l'eliminare come pseudoconcetto, come *idea illusoria*, una categoria mentale che implichi una contraddizione, è la reazione «istintiva» di fronte a una minaccia di crollo totale, di collasso di un intero edificio intellettuale. «Salviamo il salvabile!» è la parola

d'ordine che viene naturale esclamare in una circostanza cosí drammatica. Togliamo di mezzo tutti i concetti che minacciano di far crollare l'intera teoria; restringiamo quest'ultima, se necessario, raccorciamone l'estensione, ma salviamo l'essenziale.

Qualcosa, naturalmente, si dovrà pur difendere d'autorità; e «difendere d'autorità», imporre senza giustificazione, in matematica si dice *postulare*. Ora, il *minimo da postulare*, se si vogliono proteggere e salvare almeno i Cantoni originari della Confederazione delle Matematiche, è la noncontraddittorietà (consistenza) dei numeri naturali.

La successione infinita dei naturali è l'*intuizione fondamentale* senza la quale non esistono *le* Matematiche, non esiste anzi *nessuna* Matematica, e forse (noi siamo di questa opinione) nessun pensiero astratto in generale.

Dopo il terremoto che scosse le fondamenta ampliate della Matematica, provocato dalle antinomie delle «classi totali», i piú prudenti difensori dell'edificio pericolante furono i cosiddetti intuizionisti. Il fondatore della scuola intuizionistica, l'olandese Jan Brouwer, nel 1908, propose una revisione costruttivistica della logica classica (aristotelica), rifiutando il «principio del terzo escluso». Secondo Brouwer, una proposizione non può essere insieme vera *e* falsa (resta in piedi il principio di non contraddizione), può essere però *né vera né falsa*, in quanto *indecidibile*. Gli intuizionisti si limitarono al *postulato ristretto*, anzi ristrettissimo!, *dell'aritmetica*: l'esistenza della successione infinita degli interi. Per porsi al riparo di ogni rischio, per avere il massimo della garanzia, gli intuizionisti proposero inoltre di limitarsi ai soli *ragionamenti costruttivi*; questo il motivo del rifiuto della dimostrazione per assurdo. La dimostrazione per assurdo si fonda sul «terzo escluso» (se dimostro che è falsa, allora deve essere vera la sua negazione); potrebbe invece presentarsi il caso della indecidibilità.

Accettare la successione infinita dei naturali significa ammettere come *non contraddittoria la potenza del numerabile*, e, quindi, i buoni ordinamenti del numerabile, *gli ordinali della prima classe transfinita*. Gli intuizionisti costruttivisti ritennero invece non accettabile un postulato di esistenza dei numeri ordinali della *seconda classe transfinita*, relativi alla ambigua potenza immediatamente successiva a quella del numerabile.

Il pensare *tutti i numeri reali* come assegnati, implica l'impiego di un principio non costruttivo, quello delle *infinite scelte arbitrarie.*

Infatti, un numero reale «generico» è una successione infinita numerabile di cifre che si succedono in modo arbitrario. Ora, il succedersi di infiniti simboli (nel nostro caso: cifre) non pone difficoltà al costruttivista, purché sia dato un criterio preciso (meccanico, deterministico) di scelta di una cifra dopo l'altra. Il costruttivista non rifiuta in sé e per sé una successione infinita numerabile;

$$a_1 a_2 \ldots a_n a_{n+1}, \ldots$$

nella quale $a_1$ deve essere preso in un insieme $A_1$ ... e $a_n$ in un insieme $A_n$ ... (l'insieme può anche essere sempre lo stesso, come nel nostro esempio). Pretende però che esista un criterio inequivocabile per determinare $a_{n+1}$, una volta fissati gli elementi che lo precedono, chiede cioè che $a_{n+1}$ sia ricavabile con opportuni procedimenti costruttivi da $a_1 a_2$, $\ldots a_n$, sia funzione *computabile* (in un senso da definire rigorosamente) di essi.

Il costruttivista, insomma, non ammette infinite scelte se arbitrarie. Il ricorso a una successione infinita di scelte arbitrarie è un tipo di procedimento, altamente non costruttivo!, ma tanto «naturale» nella matematica superiore moderna, che nessuno si era preoccupato di metterlo in evidenza fino al cataclisma provocato dalle antinomie. La affermazione di ammissibilità di tale procedimento è il famoso *postulato della scelta* (di Zermelo), la necessità del quale in molte dimostrazioni venne messa in luce soltanto nel 1908 dal matematico tedesco Ernst Zermelo; fino a quel momento, era stato usato di fatto, senza una consapevolezza critica.

Ci fu invece chi, come David Hilbert, si propose di conservare ai matematici tutto quanto il «paradiso che Cantor ci ha procurato». Diamo soltanto un accenno del «programma di Hilbert» per garantire i fondamenti della matematica.

Hilbert partiva dalla idea generale che *esistenza*, in matematica, *significa coerenza* (non contraddizione). Ora, la coerenza delle teorie piú complesse si riconduce alla coerenza dell'aritmetica (se l'aritmetica è non contraddittoria, allora lo sono anche la geometria ordinaria, euclidea, cosí come quelle non euclidee, ecc.). Hilbert concentrò pertanto i suoi sforzi sui numeri interi, cercando di dimostrarne la consistenza per cosí dire dall'esterno, cioè con considerazioni *sulla* aritmetica completamente formalizzata (*metamatematica*). Kurt Gödel (1931) dimostrò che il programma di Hilbert non era realizzabile con procedimenti finiti.

Ma passiamo alla seconda interpretazione dell'«insieme inconsistente» di Cantor che trasforma la antinomia in un paradosso, e che facciamo nostra.

2) *La classe totale non è un insieme.*

Ma è. Esiste, è un ente legittimo e consistente del pensiero; è però cosa diversa da un insieme.

Se ben si riflette, la classe totale, quella di Russell, e altre classi molto «grandi», si presentano già alla intuizione con caratteristiche diverse da quelle di un insieme «ordinario». Confrontiamo, per esempio, l'*insieme* N dei numeri naturali da un lato, e la *classe* A che ha per elementi tutti gli insiemi, dall'altro. I numeri naturali sono quelli che sono, sono dati una volta per tutte, nascono da un'operazione precisa, la ripetizione di una unità quante volte si vuole. Gli elementi di N sono *infiniti*, ma ben definiti, N si presenta come una classe «chiusa».

Ma gli elementi di A? Sono, genericamente, gli insiemi: tutte le possibili collezioni pensate come *nuove unità*, come nuovi *elementi unici* nei quali si condensano (mentalmente) gli sparsi elementi che li costituiscono. Ora, mentre posso pensare, anzi penso, gli *interi* come definiti, dati una volta per tutte, e anzi quando dico: gli *interi*, li penso dati tutti, definitivamente, senza possibili aggiunte, non posso mai pensare esaurita, chiusa, la classe di tutti gli insiemi. La proprietà: *essere un insieme*, appare già alla intuizione come una proprietà di tipo differente dall'*essere un intero*. La seconda proprietà definisce una infinità chiusa, compiuta, che può pertanto essere *compressa* (solidificata) in un unico nuovo oggetto mentale ben definito. La prima definisce invece una classe, non necessariamente «illusoria» e «inconsistente», ma aperta, sempre incompiuta, ampliabile ogni volta che la si pensi esaurita, e perciò *non comprimibile* in un solo nuovo oggetto mentale «elementare». Questa differenza di natura tra i *due tipi di classi infinite*, che già l'intuizione coglie, può essere chiarito e precisato, innanzitutto, da una riflessione sul modo nel quale noi costruiamo gli «insiemi ordinari».

Seguiamo, nella sostanza, la costruzione fatta da Bertrand Russell di una *gerarchia di tipi*. Punto di partenza sono gli *individui*, gli atomi, gli elementi singoli che non possono essere ridotti a parti piú semplici. Potremo chiamare di livello 0 i 'singoletti' (*singletons*), cioè gli insiemi composti da un solo atomo. Il passo successivo sarà la costruzione di insiemi di livello 1, quelli che hanno per elementi soltanto insiemi di livello 0, o atomi. Gli insiemi composti da: me stesso, mia madre, mio padre, mia sorella, da singoli individui, sono di *livello 0*; la mia famiglia è invece un insieme di *livello 1*. Di *livello 2* sarà allora l'insieme delle famiglie abitanti in un blocco; di *livello 3* l'insieme dei blocchi di una strada pensati come insiemi delle famiglie che abitano in essi...; di *livello 4*, inventatelo voi (insieme degli insiemi degli insiemi delle famiglie che...). Le Nazioni Unite possono essere, e sono, di fatto, definite come insieme degli Stati loro membri (loro elementi); ognuno di essi è costituito da un insieme di regioni, ciascuna delle quali è un insieme di comunità, le quali a loro volta... fino a che, scendendo giú attraverso città, strade, edifici, famiglie arriviamo ai singoli individui.

Le Nazioni Unite, definite come insieme degli Stati loro membri, sono quindi di livello relativamente alto. Relativamente alla nostra capacità di astrazione nel linguaggio. In verità, anche se si tratta di livello dieci o venti, esso è ridicolmente basso nei confronti dei livelli mille, o un milione, o un miliardo di miliardi di miliardi di..., che sono pur tutti raggiungibili, condensando via via in un unico concetto, cioè pensando come elementi compatti, gli insiemi dei livelli in precedenza costruiti.

Possiamo cosí costruire classi corrispondenti a livelli di astrazione sempre piú alti, ma pur tuttavia sempre finiti. Allora però, facendo una nuova astrazione, pensando la *classe totale*, che ha per suoi elementi tutti gli insiemi, quale che sia il loro livello, a essa non possiamo attribuire un livello: c'è un «salto» di qualità nella astrazione. La classe totale si colloca perciò al di là delle classi finitamente costruibili a partire da atomi. Perché stupirci allora dell'emergere di una contraddizione se vogliamo considerare alla stessa stregua le classi di livello finito, e la classe di livello transfinito che ha quelle per elementi? Proviamo, quindi, a chiamare *insiemi* soltanto le classi di livello finito. Se facciamo questo, ecco che le antinomie di Russell, di Cantor, di Burali-Forti si trasformano nelle seguenti dimostrazioni per assurdo:

1) è assurdo supporre che sia un insieme la classe formata da tutti gli insiemi che non possiedono se stessi come elemento;

2) è assurdo supporre che sia un insieme la classe formata da tutti gli insiemi;

3) è assurdo supporre che sia un insieme la classe formata da tutti i numeri ordinali.

La caratteristica di una classe da chiamare «insieme» è quella di poter servire come mattone per costruire una classe-insieme di livello piú elevato; può essere, cioè, pensata, come *elemento* costitutivo di un'altra classe. Ciò non è piú possibile per le classi che non sono 'finitamente generabili', che sono al di là di ogni livello finito. Esse non possono essere compresse nel pensiero in un unico elemento con il quale costruire nuove classi.

Ritorniamo cosí alla intuizione di partenza, che è poi la definizione-distinzione di Janos (John) von Neumann (1903-1957).

Esistono, quindi, almeno a priori, classi di due tipi:

a) *classi di tipo 0*, da chiamarsi *insiemi*, che possono essere poste a sinistra del simbolo di appartenenza in qualche relazione elemento-insieme ($a \in x$), che possono cioè divenire *elementi* costitutivi di nuovi insiemi.

b) *classi di tipo 1*, che chiameremo (se esistono) *classi proprie*.

Detta A una tal classe, non esiste alcuna altra classe X tale che: $A \in X$. A non può mai comparire a *sinistra* del simbolo di appartenenza di Peano, ma solo a *destra* di esso, perché non può essere concepita come elemento.

Con la impostazione di von Neumann, che è quella che noi adottiamo, le antinomie sopra citate si trasformano in dimostrazioni per assurdo del fatto che la classe totale, la classe di Russell, la classe degli ordinali, sono 1-classi e non 0-classi, classi proprie e non insiemi. Esistono quindi classi proprie di fatto, e non solo a priori. Seguendo l'idea-base di von Neumann, non appare difficile, almeno concettualmente, andare avanti. Perché non dovremmo ritenere pensabile anche la classe di tutte le classi proprie, o 1-classi?

Non potremo, d'accordo, pensarla come una classe dello stesso tipo delle 1-classi, suoi elementi, o, peggio, delle 0-classi, elementi dei suoi elementi, per non cadere in una antinomia analoga a quelle prima rimosse: dovremo introdurre un altro concetto (e *livello*, compiendo un nuovo salto); il concetto di 2-classe. Occorrerà, naturalmente, qualche attenzione. Potremo indicare con lettere latine minuscole le 0-classi, con latine maiuscole le 1-classi, con lettere greche le 2-classi, e fare la distinzione fra i tre tipi di classi a seconda che possano essere a sinistra di un simbolo del loro alfabeto o di quello immediatamente successivo (una 2-classe, una lettera greca, non potrà mai comparire a sinistra di una lettera latina, maiuscola o minuscola che sia). E su questa via di costruzioni di classi di livelli transfiniti sempre piú alti si potrà naturalmente transfinitamente procedere.

Concludiamo perciò che una «retta ragione umana» può accettare senza contraddizioni le riunioni in *totalità*, purché si tratti di «totalità relative», di «tutte le classi che...», non di una Totalità assoluta con la maiuscola.

# 2. SU DI UN LINGUAGGIO SI PARLA IN UN ALTRO LINGUAGGIO

## Dalla biblioteca di Babele alla biblioteca di Cantor

«Stephen Albert mi disse: "In un indovinello sulla scacchiera, qual è l'unica parola proibita?". Riflettei un momento e risposi: "La parola scacchiera"» (Jorge Luis Borges, *Finzioni*).

Una *finzione* del grande scrittore argentino ci ha portato dentro il labirinto della antinomia di Richard. Un'altra *finzione* di Borges ci aiuterà a uscire dalla antinomia, trasformandola in paradosso.

*Il giardino dei sentieri che si biforcano*, è, insieme, il titolo di un racconto di Borges, e quello di un immaginario labirintico romanzo dell'antico erudito cinese Ts'ui Pên, antenato di quell'Yu Tsun al quale il sinologo inglese Stephen Albert pone la domanda che apre questo capitolo. Nel libro, che appare a prima vista «una confusa farragine di varianti contraddittorie», «la parola che significa *tempo* non ricorre mai, in nessun caso». Ora, chi penetri il segreto dell'opera, scopre che il libro «è un enorme indovinello, o parabola, il cui tema è il tempo: è questa causa recondita a vietare la menzione del suo nome».

Non c'è però bisogno di ricorrere al caso singolarissimo del libro scritto consapevolmente da Ts'ui Pên come «indovinello, o parabola», per fare qualche riflessione sul rapporto che esiste in generale tra un *libro* e il suo *titolo*, che , almeno a chi scrive, sembra la prima chiave per uscire dal labirinto di Richard. Bene: il libro immaginato da Borges intende *definire il tempo*. *Il Tempo* deve quindi essere il suo titolo, con la maiuscola per sottolineare che deve trattarsi di una parola nuova, non contenuta nel testo. Si tratta infatti di *una parola che, per essere intesa*, nel senso della definizione che ne dà il libro nel suo complesso, *presuppone dato l'intero libro*. Dal punto di vista grafico, la parola *tempo* può essere impiegata nel libro che definisce il *Tempo*, e che ha quindi *Il Tempo* come suo titolo; ma dentro il testo avrà un significato diverso da quello che essa acquista considerando l'opera nella sua interezza.

Si tratta di una osservazione del tutto generale. Nell'*Orlando Furioso* ci sono le parole «Orlando» e «furioso», anzi già nella seconda ottava del poema di Ludovico Ariosto c'è, dal punto di vista semantico, la frase «Orlando Furioso» («Dirò d'Orlando in un medesmo tratto / cosa non detta in prosa mai né in rima / che per amor venne in furore e matto...»).

Ma quando parliamo dell'*Orlando Furioso* il significato cambia: non intendiamo piú *un* certo *paladino* di Francia diventato pazzo, *ma l'opera dell'Ariosto*.

Ci interessa però riprendere l'esempio del libro sul tempo. Il doppio significato della scrittura *tempo* (che converrà perciò scrivere con la minuscola nel testo, con la maiuscola nel titolo) si presenta in libri reali, non soltanto nell'opera immaginata da Borges. Ricordo un bellissimo volumetto di Guido Castelnuovo, mi pare del 1920, che aveva per titolo: *Spazio e tempo nella relatività di Einstein*. Quel titolo può essere abbreviato in *Spazio e Tempo*, se si conviene che, quando si sostituisca all'iniziale minuscola una iniziale maiuscola, le scritture s-p-a-z-i-o e t-e-m-p-o significhino rispettivamente lo *spazio relativistico* e il *tempo relativistico*, che sono concetti diversi (piú ampi) di quelli ordinari, prerelativistici, denotati dalle *medesime scritture* (con la minuscola). Oppure, ripubblichiamo la memoria nella quale Georg Cantor introduce i cardinali transfiniti da lui indicati con la prima lettera dell'alfabeto ebraico seguita da un indice, dando a essa il titolo: *Gli Aleph*. La parola *aleph* usata nel testo ha un senso diverso da quello che acquista nel titolo. Credo non occorrano altri esempi per rendere comprensibile il ragionamento che ora svilupperemo.

Prendiamo un qualunque dizionario pre-cantoriano, e con ciò anche pre-relativistico, e sia il piú perfetto e completo tra di essi: un dizionario ideale del 1870 che contenga *tutti* i significati esistenti fino al 1870 per *ogni singola parola* della lingua di cultura piú ricca e articolata dell'epoca. Se si tratta dell'italiano, troveremo almeno *due* significati per la scrittura «tempo»: .1 Durata. .2 Complesso delle condizioni atmosferiche. Per avere una *corrispondenza biunivoca tra parole* (*scritture*) e *loro significati*, dobbiamo allora usare per i due concetti diversi due scritture diverse, il che si fa nel modo piú naturale con l'aggiunta di un indice numerico: tempo .1; tempo .2 Analogamente, per non ammucchiare due concetti diversi sopra una medesima scrittura, dovremo convenire che:

cardinale: .1 significa «principe della Chiesa cattolica»

cardinale: .2 significa numero denotante la quantità degli elementi contenuta in una collezione *finita* di oggetti. (*Finita*, perché il vocabolario è del 1870).

*Aleph*. Nel dizionario 1870 lo troveremo con un unico significato: prima lettera dell'alfabeto ebraico.

Ma in un dizionario 1980 (o anche 1910) dovranno essere aggiunte le parole-significati:

tempo: .3 = tempo relativistico;

cardinale: .3 = numero esprimente la quantità degli oggetti di una collezione data qualunque (anche *infinita*!);

aleph-0; aleph-1; aleph-2 ... la successione transfinita dei cardinali transfiniti definiti da Cantor.

Attenzione, la *lingua*, dal punto di vista *alfabeto*, e, se volete, anche *parole* (intese come successioni di lettere senza indice aventi *almeno* un senso), *non è cambiata*; e non sono *cambiate* le regole per la formazione di frasi corrette, *non è cambiata la sintassi*. La novità non sta nella *sintassi*, bensí nella *semantica*: il patrimonio dei «significati», che possiamo chiamare *linguaggio*, si è arricchito. Cantor o Einstein, continuando a usare la lingua 1870, sono andati al di là del linguaggio 1870.

Dobbiamo, a questo punto, vedere bene cosa significa esattamente linguaggio 1870, o diciamo meglio, per metterci nel caso piú generale, linguaggio di partenza $L_0$.

$L_0$ è un insieme di *significati*, non di simboli grafici (successioni o stringhe di lettere dell'alfabeto prefissato). La parola «parola» nel linguaggio corrente è ambigua: è una stringa di lettere o un significato? Noi ne prendiamo ora la sola accezione semantica:

*Una parola è una successione di lettere avente uno e un solo significato.*

Attenzione: anche le frasi di un dizionario *semantico* debbono avere un ben determinato significato. Non basta che una frase sia ben formata secondo le regole sintattiche della lingua nella quale è scritta; per essere una *frase* nel *linguaggio* $L_0$ deve avere in esso un senso, e uno soltanto. (Le frasi bisenso debbono essere escluse non meno delle *parole bisenso* o polisenso).

Prendiamo come esempio la frase: «grande cardinale». È una frase del linguaggio $L_0$, 1870, non del linguaggio $L_x$ di oggi. Infatti supponiamo che la stringa di lettere «grande» sia stata scelta nel vocabolario dei significati 1870 nella accezione: «di altezza superiore a 1,80», «cardinale» venga preso nella accezione «principe di Santa Romana Chiesa». Allora la frase *grande cardinale* ha uno e un solo significato: «un elettore del papa alto piú di un metro e ottanta». Nella lingua di tutti i giorni[1] 1980, *grande cardinale* può significare invece anche numero cardinale infinito piú grande di tutti i numeri cardinali di una certa classe, e «irraggiungibile» a partire da essi con le tecniche tipo «passaggio all'insieme potenza»[2]. Ma allora in un linguaggio di significati $L_x$ del 1980, occorrerà usare due frasi *diverse*, ciascuna con uno e un solo senso, il che si potrà conseguire coll'aggiunta di un indice numerico:

(*grande cardinale*) .1, o grande cardinale
(*grande cardinale*) .2, o Grande Cardinale

Ripetiamolo, perché è un punto decisivo. *Grande Cardinale* appartiene (dal punto di vista sintattico) alla *lingua* italiana, che si può supporre la stessa dal 1870 a oggi: non appartiene però al *linguaggio* italiano 1870, se per «linguag-

1. Lingua di tutti i giorni dei matematici specialisti in materia, beninteso.

2. Non ha rilievo qui soffermarsi sui particolari; la cosa importante è che si tratti di un ente matematico, costruito dopo il 1870, che non ha niente a che vedere con i príncipi della Chiesa di alta statura.

gio» intendiamo, come sopra stabilito, un insieme di parole e frasi con significato univoco.

Disponiamo adesso in ordine tutte le parole unisignificanti, e le frasi-unisignificanti, insomma tutte le stringhe unisignificanti di $L_0$. Per la analisi già fatta a proposito della Biblioteca di Babele, sappiamo che tutte le stringhe *possibili* di lunghezza arbitraria composte con i simboli di un dato alfabeto (finito) costituiscono un insieme *numerabile*. Pertanto, le stringhe (uni)significanti di $L_0$, che di tutte le stringhe possibili sono solo una parte, costituiranno un insieme *al piú numerabile*[3]. Numeriamolo una volta per tutte, e facciamo corrispondere a ogni stringa-significato addirittura il suo numero d'ordine nella numerazione scelta. Avremo:

$$L_0 = (1 - 2 - 3 - 4 \ldots t \ldots)$$

Allora, i numeri naturali che nel linguaggio $L_0$ sono definiti da stringhe con meno, diciamo, di 100 lettere, sono in numero finito; tra di essi ci sarà pertanto un massimo, diciamo X. «Il piú piccolo numero, indefinibile con 100 lettere al piú, di $L_0$» è allora matematicamente ben definito; ed è ovviamente $X+1$. Ma la frase tra virgolette che lo definisce, con meno di 100 lettere, *non appartiene* a $L_0$, giacché essa *contiene* la parola «$L_0$», e quest'ultima, per avere un senso, presuppone dati *tutti i significati* che costituiscono $L_0$.

Abbiamo aperto questo capitolo con la affermazione di Stephen Albert secondo la quale «la causa recondita che vieta la menzione» del *nome* (parola con un significato) «tempo» nel libro del saggio cinese immaginato da Borges in una sua *finzione*, sta nel fatto che l'Autore, con quel libro, intendeva appunto definire il significato della scrittura «tempo».

È la stessa «causa recondita» che vieta la menzione del nome «$L_0$» quando si parla *nel* linguaggio $L_0$. Per parlare *su* $L_0$, occorre usare un linguaggio nuovo, che va *al di là* di $L_0$, perché contiene la parola «$L_0$», che in $L_0$ stesso non ci può essere. "Al di là" in greco si dice *metá*; e perciò da ora in

3. Un linguaggio può essere costituito anche da un numero *finito* di significati. Questo accade nel modo piú evidente nel linguaggio $L_0$ dell'essere umano nel primo anno di vita, che spesso è costituito dalla sola parola «mamma», e quando il bimbo è precoce, da «papà», «tata», «bubú», «pappa», e poco piú.

poi distingueremo il *linguaggio* nel quale si parla dal *meta-linguaggio* che di quel linguaggio e *su* quel linguaggio considerato come totalmente dato consente di parlare.

Voglio fare un piccolo esperimento psicologico. Avevamo chiamato poco piú su $X+1$ il «numero di Richard», cioè «il piú piccolo numero indefinibile con 100 lettere al piú di $L_0$». Cambiamogli nome, chiamiamolo $\omega$. Sta scattando qualcosa nella testa del lettore che mi ha seguito fin qui? Si accende una lampadina? Emerge la ben nota sensazione del «già vissuto»?

Riflettete un momento, e ricordate. Con lo stesso simbolo avevamo indicato con Cantor, il piú piccolo ordinale transfinito, quello associato alla successione dei naturali ordinati secondo grandezza. Con la aggiunta di $\omega$, avevamo potuto costruire una seconda successione numerabile, tutta di ordinali transfiniti:

$$\omega,\ \omega+1,\ \omega+2,\ \ldots,\ \omega+n,\ \ldots$$

Aggiungendo $\omega$ al linguaggio $L_0$, potremo, in modo del tutto analogo, andare avanti e aggiungere ordinatamente una infinità numerabile di parole-significati: quelle che, per essere definite, richiedono l'uso, oltre che delle lettere dell'alfabeto iniziale, anche del *nuovo simbolo* $\omega$. Passiamo allora dal linguaggio iniziale:

$$L_0 = (1\text{-}2\text{-}3\ \ldots\ n\ \ldots\ )$$

al suo metalinguaggio di «livello 1»:

$$L_1 = (1\text{-}2\text{-}3\text{-}\ \ldots\ n\ \ldots,\quad \omega-\omega+1\text{-},\quad \omega+2\text{-}\ \ldots).$$

$L_1$ è il metalinguaggio piú «povero» tra quelli nei quali si può parlare di $L_0$.

È chiaro ora che in $L_1$ non possiamo parlare di $L_1$; che, quindi, per usare la parola-significato «$L_1$» ($= 2\omega$), dobbiamo costruire un metalinguaggio $L_2$ del secondo ordine rispetto a $L_0$, e cosí via. Abbiamo usato i simboli, $\omega$, $2\omega$ ... per rendere evidente che la *scala dei transfiniti*, e la *scala dei metalinguaggi* si corrispondono perfettamente. Anche la terminologia, si badi, è del tutto analoga, perché "al di là di ..." si dice in latino *trans* e in greco *metá*. (Si pensi a tante parole del linguaggio colto corrente: *transuranico* = "al di là del pianeta Urano"; *metafisica* = "al di là della fisica"). Poiché noi accettiamo, con Cantor, che «al di là» di tutti gli ordinali transfiniti numerabili (di prima classe), esistano ordinali transfiniti piú che numerabili (di seconda, terza classe, ecc ...), dobbiamo arrivare alla conclusione, paradossale!, che:

*Il numero dei significati dei quali sono via via suscettibili le parole-scritture di una data lingua, con alfabeto finito, che sono un insieme infinito numerabile, ha una potenza piú che numerabile, anzi arbitrariamente grande, quindi, nella scala dei metalinguaggi.*

Conclusione paradossale, ma non assurda.

Il fatto è che la *transfinita carica di significati* di *una* parola-stringa scritta in un *alfabeto finito*, è mascherata nel linguaggio comune dal fatto che noi la leggiamo in un contesto che ne chiarisce (o definisce) volta a volta il significato specifico, senza usare un indice aggiuntivo per ogni significato.

Quando Borges parla della Biblioteca di Babele, ha assolutamente ragione nell'affermare che le «possibili combinazioni di venticinque simboli ortografici» sono in «numero, anche se vastissimo, non infinito», quando ci si limiti, come egli fa, a combinazioni che non eccedano un dato numero di simboli; sono, abbiamo aggiunto noi, semplicemente infinite numerabili se quella limitazione viene fatta cadere.

Ha invece torto quando afferma, subito dopo, che quelle combinazioni (e sia pure *tutte* le scritture, di lunghezza comunque grande), «offrono tutto ciò che è dato di esprimere, in tutte le lingue». Perché questa seconda asserzione di Borges diventi vera, abbiamo bisogno di una Biblioteca smisuratamente piú ampia di quella di Babele, anche se ammettiamo in essa libri di lunghezza arbitraria; questa nuova Biblioteca contiene quella di Babele come sua parte infinitesima. Proponiamo di chiamare le due Biblioteche, *Biblioteca di Borges* e *Biblioteca di Cantor*, oppure, se guardiamo alla loro natura, *Biblioteca di Babele* (B) e *Biblioteca di Armonia* (A).

Dentro la A, la $B = B_0$ costituisce un primo, piccolissimo, trascurabile reparto, molto importante però perché da esso occorre iniziare visita, letture e studi. Sugli *ex-libris* di $B_0$ c'è stampigliato il simbolo $L_0$, perché i suoi volumi vanno letti attenendosi rigorosamente ai significati che le parole-stringhe hanno in $L_0$, linguaggio iniziale per il quale è sufficiente l'alfabeto iniziale di 25 lettere. Segue poi il reparto $B_1$, i volumi del quale vanno interpretati nel linguaggio $L_1$, e che recano quindi in copertina la stampiglia $L_1$. Seguono poi i reparti $B_2$, $B_3$, ...$B_a$, ... transfinitamente. Se ai volumi mancano le stampiglie che indicano in quale linguaggio sono scritti, allora la ben ordinata Biblioteca di Armonia diventa la caotica, ciclica, «malamente infinita» Biblioteca di Babele.

Eppure, in un'altra delle sue *finzioni*, Borges ha intuito la importanza di quella che noi abbiamo chiamato la stampiglia, e che nel racconto *Pierre Menard autore del «Chisciotte»* è l'*autore* del volume. Pierre Menard non trascrive il *Quijote* di Miguel de Cervantes, lo *riscrive* tale e quale eppure diverso, *alius et idem*.

«Il testo di Cervantes e quello di Menard sono identici, ma il secondo è quasi infinitamente piú ricco [...]. Il raffronto tra le pagine di Cervantes e quelle di Menard è senz'altro risolutore. Il primo, per esempio, scrisse (*Don Chisciotte*, parte I, capitolo IV): "...la verità, la cui madre è la storia, emula del tempo, deposito delle azioni, testimone del passato, esempio e notizia del presente, avviso dell'avvenire".

«Scritta nel secolo XVII, scritta da Cervantes, quest'enumerazione è un mero elogio retorico della storia. Menard, per contro, scrive: ..."la verità, la cui madre è la storia, emula del tempo, deposito delle azioni, testimone del passato, esempio e notizia del presente, avviso dell'avvenire".

«La storia, *madre* della verità; l'idea è meravigliosa. Menard, contemporaneo di William James, non vede nella storia l'immagine della realtà, ma la sua origine. La verità storica, per lui, non è ciò che avvenne, ma ciò che noi giudichiamo che avvenne. Le clausole finali - *esempio e notizia del presente, avviso dell'avvenire* - sono sfacciatamente pragmatiche».

Nella *Biblioteca di Babele*, Jorge Luis Borges ci ha esposto in modo logicamente, e non solo letterariamente, perfetto, la antinomia di Richard. In questo secondo suo racconto, ma senza rendersi, credo, conto del legame tra i due scritti, la ha trasformata in paradosso. Se si fa la dovuta distinzione tra *simbolo* e *significato*, allora lo stesso libro-scrittura può acquistare due intepretazioni. Borges avrebbe dovuto scrivere la frase dell'autore Cervantes, e la stessa frase (= stringa di simboli alfabetici) dell'autore Menard, o sottolineando la seconda, o usando un altro alfabeto, in modo da metterne in risalto la differenza semantica.

Se per esempio scriviamo «storia» e «**Storia**», tutto diventa chiaro. Non c'è nulla di assurdo, tutto diventa perfettamente razionale, anche se appare «al di là del credibile», per inveterate confusioni mentali tra parola-simbolo e parola-significato.

# 3. COSTRUIBILE E PENSABILE

«Un atteggiamento negativo verso la teoria degli insiemi di Cantor e verso la matematica classica di cui essa costituisce la naturale generalizzazione non è [...] la necessaria conseguenza di un esame accurato dei loro fondamenti, ma solo la risultante di una certa concezione filosofica della natura della matematica, che ammette solo oggetti matematici interpretabili come nostre costruzioni, o che almeno possono essere dati completamente dall'intuizione matematica».

Stiamo citando un articolo pubblicato nel 1964 da Kurt Gödel, «Che cos'è il problema del continuo di Cantor?». Il grande matematico e filosofo austriaco, recentemente scomparso, dice in esso tra l'altro:

«Il problema del continuo di Cantor, qualunque posizione filosofica si assuma, innegabilmente ha almeno questo significato: determinare se dagli assiomi della teoria degli insiemi, quali sono formulati nei "diversi" sistemi, si possa ricavare una risposta, e in caso affermativo, quale risposta».

Il problema della ipotesi del continuo viene cosí posto in modo del tutto analogo a quello del «postulato della parallela» di Euclide. Da esso conviene partire per far comprendere al lettore non specialista il significato generale della *impostazione assiomatica*.

Il vecchio Euclide, che insegnò ad Alessandria attorno al 300 a.C., nei suoi famosi *Elementi* usò il 'procedimento deduttivo'. Egli assunse come vere, senza dimostrazione, alcune proprietà fondamentali degli enti geometrici primitivi: punto, retta, piano. Da quelle proprietà, *postulate* all'inizio, chiamate appunto perciò *postulati* o *assiomi* dedusse nuove proprietà: i teoremi, facendo ricorso soltanto alla logica e alle sue leggi. Euclide però, e con lui tutti i geometri e i filosofi, per piú di duemila anni, non dubitavano che punti, rette, piani fossero enti razionali perfettamente ben definiti, e che gli assiomi fossero *verità primitive evidenti*.

Il metodo assiomatico moderno, invece, non è *soltanto deduttivo,* è *ipotetico-deduttivo*. In che cosa consiste la differenza, che è, si badi bene, radicale?

Consiste nel modo di considerare gli assiomi: non piú verità evidenti dalle quali si parte, ma semplici *ipotesi*. Ipotesi, ed è questo il punto, relative a enti del pensiero non definiti. *Se* si considerano enti concreti che verificano le proprietà espresse dagli assiomi, *allora* valgono anche le proprietà espresse dai teoremi da loro dedotti per via strettamente logica. *Se ... allora*: deduzione da ipotesi, metodo ipotetico-deduttivo. Questa diversa impostazione consente di interpretare in diversi modi gli enti dei quali si discorre negli assiomi, perché essi sono tenuti soltanto a verificare proprietà formali. A ogni interpretazione degli enti «primitivi», corrisponde un *modello* (concreto) della *teoria assiomatica* (di per sé astratta, formale).

Storicamente, il punto critico fu la teoria delle parallele in geometria piana. Il 5° assioma di Euclide afferma che per un punto fuori di una retta in un piano passa una retta e una soltanto che non incontra la retta data. Per duemila anni, i geometri, convinti che il fatto enunciato dovesse essere *comunque vero*, discussero se dovesse essere considerato un postulato (*verità primitiva* indimostrabile) o non fosse piuttosto un teorema (*verità deducibile* dai postulati). Non è affatto difficile vedere, e lo si spiega in quasi tutti i primi bienni di scuola secondaria superiore, che se chiamo «rette» le circonferenze massime di una sfera, «punti» le coppie di antipodi, molte delle proprietà che valgono nella geometria di Euclide (non tutte) sono conservate, ma il parallelismo salta per aria, perché due rette si incontrano sempre in un punto (cioè: due circonferenze massime hanno sempre in comune una coppia di antipodi, cosí come succede a due meridiani che passano per la coppia dei poli). Se ci si libera dalla convinzione filosofica del carattere unico, assoluto della geometria, concepita come *scienza di enti oggettivi*, non è quindi tecnicamente difficile convincersi della esistenza di geometrie euclidee e non, di tante *geometrie al plurale*; ma bisogna allora concepirle come *verità relative* e *non assolute*, come sistemi ipotetico-deduttivi («se... allora...»).

Anche la teoria degli insiemi può essere impostata in modo assiomatico (ipotetico-deduttivo). Il primo, e piú usato sistema di assiomi per la teoria degli insiemi, è quello introdotto dal tedesco Zermelo nel 1908, e poi perfezionato da Fraenkel. Dalle iniziali di questi due scienziati, il sistema ha preso la sigla di «ZF» [4].

Gli oggetti indefiniti dai quali parte ZF sono le *classi*, e la *relazione di appartenenza* tra classi. Anche in questo caso, non intendiamo fare un elenco, e sia pure sommario, degli assiomi contenuti in ZF. Ci limitiamo a dire che in ZF sono precisati i procedimenti ammessi per la formazione di nuove classi a partire da classi già date. Viene accettata la formazione dell'«insieme potenza» di una classe data, cioè della classe che ha per elementi le sottoclassi (sottoinsiemi) di quella già supposta esistente. Non viene invece accettata la «astrazione incondizionata», cioè la formazione della classe costituita da tutte le possibili classi $x$ che verificano una data proprietà P.

Chi ricorda la antinomia di Russell, e il fatto che essa era fondata sul «principio incondizionato di astrazione» di Frege (vedi parte V, cap. 1), comprenderà la prudenza di Zermelo, che ammette soltanto la formazione della classe di *elementi appartenenti a una classe già data* e verificanti una data proprietà P. Insomma, mentre per Frege era lecito *raccogliere insieme tutti gli elementi* (tutte le classi) verificanti una data proprietà, per Zermelo è consentito soltanto *separare* dentro una classe già data gli elementi che verificano una data proprietà (*assioma di separazione* di Zermelo).

Chiarita, cosí almeno speriamo, la impostazione assiomatica, possiamo andare avanti nella lettura dell'articolo di Kurt Gödel del 1964 con il quale abbiamo aperto questo ca-

4. Tra gli altri sistemi di assiomi successivamente proposti per la teoria degli insiemi, particolare importanza ha la «NGB» (von Neumann-Gödel-Bernays); della sua idea centrale abbiamo fatto uso nel primo capitolo di questa parte, per rimuovere le antinomie insiemistiche di Cantor, Russell, Burali-Forti.

pitolo. Se la congettura di Cantor che la potenza del continuo sia quella immediatamente successiva alla potenza del numerabile, viene interpretata dal punto di vista ipotetico-deduttivo nell'ambito della teoria assiomatica degli insiemi (diciamo ZF),

«supponendo che gli assiomi siano coerenti, essa dà luogo *a priori* a tre possibilità: è dimostrabile, refutabile o indecidibile. La terza alternativa [...] è la piú probabile. Cercare di dimostrarla costituisce forse, attualmente, il modo piú promettente di affrontare il problema. Si è già ottenuto un risultato in tal senso, cioè che la congettura di Cantor non è refutabile in base agli assiomi della teoria degli insiemi, se questi sono coerenti [...]».

L'articolo che stiamo citando è del 1964; si chiude con un poscritto, che comincia cosí:

«Poco dopo che avevo finito di scrivere questo articolo, Paul J. Cohen ha dato una risposta negativa alla questione se l'ipotesi del continuo di Cantor possa essere dimostrata a partire dagli assiomi della teoria degli insiemi di von Neumann-Bernays. Un'esposizione della dimostrazione apparirà tra poco nei *Proceedings of the National Academy of Sciences*».

Nel 1964, pertanto, è stata data anche la seconda metà della risposta; è stato dimostrato in modo completo che «il problema del continuo non può essere risolto in base agli assiomi finora formulati», non è conseguenza degli assiomi di ZF (o di NGB).

In che modo l'americano Paul J. Cohen ha completato questa dimostrazione di indipendenza?

Lo ha fatto costruendo un *modello* di «universo di insiemi» che verifica tutti gli assiomi prefissati «ordinari», e nel quale però l'ipotesi del continuo è falsificata. Insomma, è possibile costruire tanto un *modello cantoriano* di teoria degli insiemi assiomatica, quanto un *modello non-cantoriano*. Dal punto di vista logico-formale la risposta è perfettamente analoga a quella data relativamente all'indipendenza del postulato delle parallele (5° postulato di Euclide), circa un secolo prima.

Dal punto di vista del contenuto delle due dimostrazioni, le differenze sono però profonde. Abbiamo potuto descrivere in poche righe un modello euclideo e un modello noneuclideo di geometria, in modo, ci sembra, del tutto comprensibile, almeno nelle linee generali, anche per chi conosce solo la geometria piú elementare. Di fatto, ogni buon testo di matematica per ragazzi di 14/15 anni (primo anno della scuola media superiore), parla oggi di geometria non euclidea e ne offre il modello sferico.

Se vogliamo invece far capire, se pure nelle linee generali, in che cosa consistono i due modelli piú «naturali» di universo degli insiemi, l'uno cantoriano l'altro non cantoriano, ci troviamo di fronte a difficoltà tanto ardue da apparire a prima vista insormontabili. Tuttavia, tentiamo l'impresa con l'aiuto dello stesso Paul J. Cohen e di qualche passo non tecnico del suo libro *La teoria degli insiemi e l'ipotesi del continuo*. Abbiamo già visto che la ingenuità nella teoria degli insiemi può portare a disastri; non si può, senza un attento vaglio critico, ammettere senz'altro nell'universo degli insiemi un ente che per la sua definizione verbale sembra essere un insieme per bene. Di conseguenza, «sono state elaborate diverse concezioni filosofiche secondo cui si dovrebbero accettare solo gli oggetti matematici che sono stati effettivamente costruiti».

Una prima difficoltà consiste nel chiarire il concetto di insieme *costruibile*. Cohen dice: «La nozione corretta per il nostro scopo è quella delle *definizioni predicative*». Per intenderci molto all'ingrosso: è impredicativa la definizione di un sottoinsieme di un insieme, che ci costringa a ricorrere a *tutti* i sottoinsiemi di N supposti già dati. In un certo senso, per definire quell'insieme occorre supporlo già esistente. (Questa fu una delle critiche forti al «procedimento diagonale» di Cantor). Gödel chiamò costruibile un insieme che può essere ottenuto come risultato di un successione transfinita di definizioni predicative.

Il suo risultato dice allora che gli insiemi costruibili formano un modello di ZF, e che in questo modello valgono IGC (ipotesi del continuo generalizzata) e AS (assioma della scelta).

La «classe» L degli insiemi costruibili fornisce perciò un *modello cantoriano* di teoria assiomatica degli insiemi. Per ottenere un modello non cantoriano occorrerà introdurre nell'universo degli insiemi almeno un insieme non costruibile, ma definibile in modo cosí accuratamente «razionale» che l'universo ampliato ottenuto con il suo aiuto stia o cada insieme con l'universo costruibile. Questo è il punto veramente difficile nella costruzione del modello non cantoriano di Cohen. Cerchiamo di dare al lettore non certo piena luce, ma almeno un barlume dell'idea di Cohen. Indichiamo, con Cohen, con la lettera M un modello di ZF nel quale valga l'assioma di costruibilità, che sia cioè costituito da insiemi tutti costruibili. Un insieme *a* non costruibile non deve contenere «"speciali" informazioni su M», deve essere «"generico" relativamente a M. L'idea è che tutte le proprietà di *a* devono essere "forzate" a valere semplicemente sulla base del fatto che *a* si comporta come un insieme "generico" in M». Da questa «motivazione intuitiva» deriva il procedimento del *forcing* di Cohen, la comprensione del quale è ancora riservata agli *specialisti* del campo (neppure a *tutti i matematici*, si badi bene). Se la tecnica del *forcing* è infatti ancora al di là della comprensione dello stesso «matematico generico», ci sembra tuttavia che l'idea a essa sottostante possa essere afferrata dai comuni «animali ragionevoli» se si parla con quella libertà filosofica che era cara al grande Galileo.

Non tutto ciò che è pensabile senza contraddizione è di necessità costruibile. Un insieme generico, arbitrario, non assegnato elemento per elemento tramite procedimenti finiti e transfiniti, è *altrettanto ammissibile* logicamente di un insieme costruibile passo passo in modo determinato, purché nella definizione dell'insieme «generico» si rispettino regole razionali rigorose. In un certo senso, possiamo dire che empirismo e razionalismo non appaiono piú come i poli di una antitesi, di un *aut... aut*, bensí come due scelte ugualmente legittime. Sono *infatti altrettanto coerenti l'universo del costruibile e l'universo dell'intellegibile.*

Attraverso lo sviluppo sommariamente delineato, da Cantor a Gödel a Cohen, si è verificata una «critica dell'intelletto puro»: l'intelletto umano non appare piú come un assoluto, è lecito ragionare almeno in due modi diversi, insieme coerenti o incoerenti. Sono in particolare ugualmente legittime due matematiche, la cantoriana e la non cantoriana, la costruttiva e la non costruttiva. Che l'insieme dei sottoinsiemi del numerabile sia la piú piccola cardinalità successiva al numerabile dipende dall'ammettere, o meno, soltanto sottoinsiemi costruibili. Le due scale dei transfiniti coincidono per il filosofo empirista (costruttivista), non coincidono per il razionalista. Per quest'ultimo, la posizione della cardinalità del continuo nella scala dei cardinali dipende dai tipi di insiemi, in particolare di sottoinsiemi dei naturali, che ammettiamo come legittimi: la possiamo fissare, in un certo senso, come «grande a piacere».

Due considerazioni per chiudere.

*Primo*: se la pluralità degli spazi pensabili (scoperta delle geometrie non euclidee) rappresentò una grossa difficoltà per la «retta ragione umana», una difficoltà ancora maggiore sarà rappresentata dalla accettazione-comprensione della pluralità delle matematiche. In verità, tutti abbiamo istintivamente nei confronti degli insiemi l'atteggiamento 'ontologico' che aveva Georg Cantor, e del quale parleremo nella seconda appendice: gli insiemi sono quello che sono, appartengono al mondo dell'Essere.

*Secondo*: la vicenda intellettuale descritta mi sembra una bella controprova del fatto che il materialismo dialettico (ne parleremo nella seconda delle due appendici che seguono) non ha niente a che fare con l'empirismo, con il costruttivismo; viceversa, la soluzione del problema del continuo, elaborata sul terreno della scienza-tecnica, ha una forte rilevanza filosofica di controprova della dialettica contro l'ontologia.

# Appendici

# I. DIO: UN PRESENTE O UN FUTURO?

«Poiché Dio, se esiste, è nascosto, ogni religione che non afferma che Dio è nascosto non può essere vera» (Blaise Pascal).

«Lo "spazio della proiezione religiosa" [...] non possiede una realtà nel senso dell'esistenza di fatto»; è «quella sfera attiva aperta che è ancora piena di ogni cosa possibile, del Cielo e dell'Inferno, del Regno e dell'abisso, del *totum* e del *nihil* [...]. È lo spazio davanti a noi nel quale il nocciolo dell'uomo, come pure della terra, l'enigma antropologico, come pure l'enigma della natura, può fiorire utopisticamente fino alla fine, oppure non fiorire fino alla fine» (Ernst Bloch).

«La dimostrazione di Dio ricavata dal mondo non ha piú avuto nessuna influenza sulla teologia dopo la critica di Kant», constata il grante teologo protestante Jürgen Moltmann, nel suo libro *Teologia della speranza*. Anche se la «critica della Critica della ragion pura», che abbiamo sviluppata nel capitolo 5 della parte quarta, seguendo Cantor, ci sembra corretta, la affermazione di Moltmann è del tutto giusta.

Dalle argomentazioni di Kant, malgrado la loro imperfezione logico-matematica, venne comunque dato un colpo decisivo alla pretesa della cosiddetta *teologia naturale* di voler *dedurre Dio dal mondo*. Le pretese prove della esistenza di Dio di *tipo cosmologico* (necessità di un inizio e di una fine, di una causa prima e di un Regno ultimo) o di tipo *teleologico* (l'armonia del mondo implica una mente creatrice e ordinatrice, un piano provvidenziale) non hanno retto alla critica della filosofia e della scienza moderne.

La teoria della evoluzione naturale di Darwin dimostrò la possibilità di liquidare ogni 'teleologia', cioè ogni preordinata organizzazione della storia naturale volta a un fine posto dall'esterno.

Resta però da considerare, e occorre farlo con la massima attenzione, la cosiddetta *prova ontologica*, che vuol dedurre l'Esistenza di un Essere Supremo e Assoluto dalla sua Essenza (*onto-logia* vuol dire infatti "scienza dell'essere").

Riprendiamo perciò il discorso appena accennato nel capitolo 2 della parte prima, riportando per intero l'argomentazione sviluppata circa mille anni fa da Anselmo d'Aosta (1033/34-1109), proclamato poi santo.

> «Noi crediamo che Tu sia qualcosa della quale non si può pensare nulla di piú grande [*Nos credimus Te esse aliquid quo nihil maius cogitari possit*]. Si dirà che una natura simile non esiste, perché "l'insensato ha detto nel suo cuore: non c'è Dio" (salmo XIII della Vulgata, I versetto)? Ma certamente quel medesimo insensato quando sente ciò che dico: "qualcosa della quale non si può pensare nulla di piú grande", comprende quello che sente, e quello che comprende è nella sua intelligenza, anche se non comprende che esso esiste [...]. E certamente *id quo maius cogitari nequit*, ciò che nulla di piú grande può essere concepito, non può essere nella sola intelligenza. Perché [se cosí fosse] si potrebbe pensare che esso è anche in realtà: ciò che è piú [dell'essere nella sola intelligenza]. Pertanto, se ciò del quale non si può immaginare nulla di piú grande fosse nella sola intelligenza, allora ciò di cui non si può concepire nulla di piú grande è tale che si può concepire qualcosa di piú grande: ma certo ciò è impossibile».

Noi riteniamo corretta, nel senso che subito preciseremo, la argomentazione di sant'Anselmo, «la dimostrazione di Dio tratta da Dio» (Moltmann). L'argomentazione, lo ripetiamo, ci sembra corretta se, seguendo una antica, anzi antichissima tradizione di pensiero, definiamo Dio come Assoluto, come Totalità onni-comprensiva data in atto, «*aliquid quo nihil maius cogitari possit*». Insomma, la deduzione di sant'Anselmo è logicamente corretta se trascritta e precisata nel modo che segue:

| | |
|---|---|
| *Ipotesi* | «Se è possibile pensare qualcosa della quale nulla di piú grande può essere pensato» |
| *Tesi* | «allora l'Ente in discorso deve esistere». |

O piú sinteticamente:
«Se possiamo pensare un Dio-Assoluto in atto»
«allora esiste un Dio-Assoluto in atto».

Nell'ambito della ricerca teologica del Novecento, chi ha messo in evidenza la natura ipotetica della «prova ontologica» è stato il grande pensatore evangelico Karl Barth. Barth asserisce infatti che la argomentazione di Anselmo non è una dimostrazione della esistenza di Dio dedotta dalla sola ragione; che, al contrario, il suo punto di partenza è *già* una proposizione di fede.

«Noi crediamo che Tu sia qualcosa della quale non si può pensare nulla di piú grande». Perciò, «chi pensa a Dio deve necessariamente pensare anche la sua esistenza. Dio non può esistere nella sola intelligenza». Ma, dice Barth, *noi pensiamo* Dio per fede, non per ragione. La ipotesi della prova è già essa un atto di fede, e pertanto la prova non è fondata sulla sola forza della ragione umana.

Quello che però non sembra messo in discussione, neppure da Barth, è la concezione dell'Assoluto come *Totalità in atto*, come un *Tutto* già completamente presente (il futuro non reca «una nuova svolta storica, ma la rivelazione di ciò che è»). Ora, una concezione siffatta viene dichiarata contraddittoria dagli sviluppi della analisi dei transfiniti (infiniti attuali di potenza crescente) iniziata da Georg Cantor. *Un infinito in atto non è mai pensabile come assoluto*. Ogni volta che diciamo «tutto, e poi nient'altro», cadiamo in un'antinomia. Le antinomie di Russell, di Burali-Forti, di Cantor vengono fuori quando pretendiamo di considerare non accrescibile la «totalità di ...» (di tutti gli insiemi, di tutti i numeri ordinali), e cadono quando rinunciamo a tale pretesa.

La ipotesi del «teorema di sant'Anselmo» non è quindi mai verificabile senza contraddizione; perciò, sulla base della analisi dell'infinito attuale che siamo andati svolgendo, il risultato conclusivo appare il seguente:

*Se Dio è Assoluto in atto, se è ciò del quale nulla di piú grande si può pensare, Dio esiste sí, ma è contraddittorio.*
Dobbiamo fermarci un poco, per mettere da parte le interpretazioni *di questo* risultato finale che non ci interessano.

*In primo luogo*. Non ci interessa la posizione di coloro che dicono: «sí, Dio è contraddittorio, *credo quia absurdum*

- credo perché è assurdo», parafrasando il vecchio Tertulliano.

*In secondo luogo.* Non ci interessa la sostituzione di due Assoluti, un Essere Assoluto e un Non-Essere Assoluto, una Totalità esaurita e presente di bene, una Totalità altrettanto tutta data e tutta presente di male, Dio e il Diavolo, Ormuz e Arimane. La contraddittorietà, come abbiamo visto, sta nel concetto di Assoluto = Non accrescibile, e non nel fatto di pensare un *unico* Assoluto onnicomprensivo.

*In terzo luogo.* Non ci interessa la interpretazione della contraddittorietà dell'Assoluto, di ogni «assoluto», come *prova della non esistenza di Dio.* Respingiamo quella che si potrebbe chiamare la ideologia dell'*ateismo naturale* non meno delle teorizzazioni di una *teologia naturale.*

Il nostro discorso non è chiuso, si riapre con un interrogativo che potremmo riassumere e semplificare nel modo che segue:

«*Dio è cosí, o Dio non è cosí?*».

L'idea di Totalità implica necessariamente, o no, quella di un Ente Totale in atto, già dato, non accrescibile? Il nostro discorso riprende con una constatazione: l'idea, la categoria mentale di Totalità non pare esorcizzabile, essa si ripresenta a noi in nuove forme quando abbiamo dimostrato inconsistenti quelle tradizionali, ma si ripresenta.

> «Le illusioni per quanto siano illanguidite e smascherate dalla ragione, tuttavia restano ancora nel mondo, e compongono la massima parte della nostra vita. E non basta conoscer tutto per perderle, ancorché sapute vane. E perdute una volta, né si perdono in modo che non ne resti una radice vigorosissima, e continuando a vivere, tornano a rifiorire in dispetto di tutta l'esperienza, o certezza acquistata».

Questo pensiero dello *Zibaldone* di Leopardi è tanto bello che non rinuncio a citarlo benché non sia del tutto congruo a quello che ho in mente quando parlo di una vera e propria impossibilità della mente umana di escludere a priori, come insensata in ogni sua possibile interpretazione, la categoria della Totalità.

Leopardi parla di «illusioni»; io considero invece qui la categoria della Totalità non come una *illusione* con inestirpabile «radice vigorosissima», bensí come di una *esigenza* alla quale non possiamo radicalmente rinunciare, che non possiamo non riproporci, e con tanta piú forza quanto piú consistente è stata la dimostrazione di inconsistenza di questa o quella sua immagine. Non ho difficoltà a parlare di «Dio» quando intendo «Totalità», pur dichiarando onestamente che, mentre ritengo possibile pensare, anzi impossibile non pensare, alla categoria della Totalità, considero un residuo antropomorfico la *personalizzazione* della categoria stessa. Neppure sulla questione del Dio-Persona ritengo però possibile una dimostrazione di non-esistenza. Si tratta, come dice Blaise Pascal, di una «scommessa».

Ho l'impressione che a proposito della categoria di Totalità si debba sviluppare una argomentazione simile a quelle che ci hanno fatto superare le antinomie che sembravano necessariamente insite nell'uso del termine «tutti». Anche quando la antinomia di Cantor, per fissare l'attenzione su di una tra esse, si svelò, anche quando l'uso del concetto «tutti gli insiemi» sembrava irrimediabilmente contraddittorio, quel concetto, *in una forma o nell'altra*, era tuttavia ineliminabile, insopprimibile. Il matematico, e non soltanto lui, non poteva fare certamente a meno di parlare, per esempio, di un «insieme dato ad arbitrio», alludendo cosí, se pure in forma indiretta, a un Universo contenente «tutti gli insiemi». Questo permanere della esigenza di parlare di un Ente che appare contraddittorio, anche nelle menti di coloro che la contraddizione hanno messo in luce, non è la resistenza irrazionale ad abbandonare una «illusione», per quanto «smascherata dalla ragione»: è l'indizio che la contraddizione non è insita all'Ente in sé, ma è collegata soltanto a un determinato modo di concepirlo.

Nel caso della «classe totale» di Cantor, abbiamo visto che la via per rimuovere l'antinomia non era eliminare la «classe totale» stessa dal nostro linguaggio (il che, senza dubbio, è possibile ottenere con un *ukase* intellettuale) e dalle nostre menti (il che è invece impossibile), ma concepirla come una «classe propria» di qualità diversa dagli «insiemi ordinari». Il concetto di «classe totale» non è in sé contraddittorio: lo diventa quando la «classe totale» viene concepita, e definita, come un insieme ordinario, come l'«insieme di tutti gli insiemi».

Il concetto di Totalità assoluta, non relativa cioè soltanto a determinati enti (insiemi, numeri ordinali, significati), ma onnicomprensiva, ci appare contraddittoria, è contraddittoria se concepita come Essere Assoluto (personificato o no). Ma l'Essere Assoluto, l'Esistente in Atto Onnicomprensivo, è il solo modo di concepire la categoria della Totalità? Certamente no.

Che la Totalità sia un dato, che sia da concepirsi chiusa e completa, è smentito dalla nostra esperienza esistenziale di ogni giorno, di ogni ora, anzi di ogni istante: il vivere in un tempo che fluisce, che riversa in un futuro aperto tutto il passato per accrescerlo.

Contraddittoria è perciò soltanto la *concezione chiusa* della Totalità come *Essere*, come Tutto compiuto in atto – non la idea di Totalità come *Divenire* globale. Contraddittorio il Dio di Parmenide, non quello di Hegel, checché ne dicano certi filosofi e pamphlettisti alla moda.

Non contraddittorio il Dio di Karl Rahner, il «Futuro Assoluto», Tutto il Futuro, purché non lo si pensi come Tutto preordinato. Contraddittorio il Dio di Calvino, il Futuro già tutto predestinato, cioè già tutto dato, noto, esaurito in un Essere Supremo che non si accresce e non evolve.

Non è questa la sede per una esposizione anche succinta dei nuovi modi di concepire Dio della teologia cristiana del Novecento; né, del resto, chi scrive sarebbe all'altezza del compito. Nel chiudere questa prima appendice, voglio limitarmi a qualche accenno a due concezioni della Totalità che vanno nella direzione che ho fin qui seguito:

il Dio-Evoluzione
il Dio-Speranza.

Il Cristo «non finito di formarsi [...] è il termine della evoluzione, *anche naturale* degli esseri: l'*evoluzione è santa*». «La creazione è in corso di svolgimento [...] il Cristo raggiunge la sua pienezza, partendo da ogni creatura [...] mediante la nostra collaborazione». Abbiamo scelto qualche affermazione, particolarmente importante per il nostro discorso, dalla grande opera su *Teilhard de Chardin* di Ferdinando Ormèa.

Robert Hale, il teologo camaldolese americano, ci aiuta a

completare questo profilo essenziale del Dio-Evoluzione del gesuita francese Pierre Teilhard de Chardin (1881-1955):

«Ogni uomo ha un profondo, misterioso senso della Totalità [*of the Whole*].

«Ma Teilhard vede questa intuizione come richiedente una risposta attiva, un impegno da parte dell'uomo. Abbiamo visto che egli chiama questa risposta fede, ma dobbiamo fare attenzione a non intendere la fede in questione in un modo troppo intellettualistico. Come Blondel, Teilhard sottolinea che è una scelta piena, personale, del tipo che ri-orienta tutta la vita di una persona, pensiero e azione insieme. Questa opzione è doppiamente vitale nel contesto della visione evoluzionistica di Teilhard perché *l'uomo non è visto soltanto come chi opta per una unità preesistente, ma anche come chi è chiamato a compierla*, a portare avanti l'unità cosmica verso la sua futura pienezza» [i corsivi sono miei].

Nella sua *Teologia della speranza*, che abbiamo già citata, Jürgen Moltmann si chiede: «Il futuro di Cristo è soltanto uno *svelamento* di ciò che è accaduto una volta per tutte in Gesú? Ovvero contiene qualcosa che non è ancora accaduto?».

La risposta di Karl Barth era stata: il futuro non reca «una nuova svolta storica, ma la rivelazione di ciò che c'è». Moltmann afferma invece che «l'aspettazione cristiana [...] attende da lui [dal Cristo], qualcosa di nuovo, qualcosa che non è ancora avvenuto [...]. La sua signoria [di Cristo] [...] è l'atto del guidare verso la terra promessa, ed è quindi una signoria storica che si esprime in avvenimenti unici, irripetibili, sorprendentemente nuovi e orientati verso uno scopo». Il Dio di Moltmann è «il Dio che è in cammino con Israele».

Moltmann si richiama spesso a Ernst Bloch come a un vero e proprio maestro. Troviamo, nella *Teologia della speranza*, tra le molte altre, queste citazioni dell'autore del *Principio-speranza*:

«Il nerbo del retto concetto della storia è e rimane il *novum* [...]. Quando si è sperimentata una volta la realtà come storia [...] non è piú possibile il ritorno alla fede astorica di ciò che sussiste e rimane in eterno». Dio: «"*humanum* futuro e non ancora raggiunto" - "*Deus absconditus*"; "*Deus spes*"».

Ebbene; il filosofo Bloch al quale il teologo cristiano Moltmann cosí spesso, e cosí strettamente, si richiama, è un marxista che ha sempre coerentemente professato il materialismo filosofico, il materialismo dialettico.

Il marxismo come *materialismo storico*, come interpretazione della storia, non implica in alcun modo l'ateismo, checché ne dicano i marxisti dogmatici o i cristiani integralisti. Lo dimostra il semplice fatto che molti pensatori si proclamano oggi *insieme* cristiani e marxisti: cristiani nella concezione generale del mondo, marxisti nella interpretazione della storia. Ernst Bloch, recentemente scomparso in tarda età, era nato a Ludwigshafen, in Germania, nel 1885. Costretto all'esilio, negli Stati Uniti, nel 1938, Bloch, marxista e comunista, tornò nel 1949 in Europa accettando la cattedra di filosofia offertagli a Lipsia dalla Germania socialista. Ma la vittoria del dogmatismo e del «monolitismo» nella Repubblica democratica tedesca lo costrinse a un nuovo trasferimento nel 1961, nell'altra Germania, a Tübingen.

Bloch continuò tuttavia con rigorosa coerenza il suo insegnamento di marxista critico, e restò convinto assertore della prospettiva comunista, fino alla morte.

In che modo il materialistico «principio-speranza» di Bloch si connette al Dio della speranza di Moltmann? Leggiamo qualche brano di Bloch[1].

«Attesa, speranza, intenzione verso una possibilità non ancora verificatasi: questo non è solo un principio della coscienza umana; se concretamente vagliato e compreso è una disposizione fondamentale all'interno di tutta la realtà oggettiva [...]. Pensare vuol dire oltrepassare. In modo tuttavia che quanto è presente non venga né soppresso né saltato [...]. Perciò il vero superamento non sbocca mai nel sognare e nel fantasticare un futuro assolutamente vuoto. Ma esso comprende il nuovo come un elemento che è mediato dal trascorrere del presente, anche se per essere poi liberato esige una volontà tesa rivolta a lui. Il superamento reale conosce e attivizza le tendenze fondate nella storia e dialetticamente scadute. In forma originaria l'uomo vive unicamente teso al futuro; il passato giunge solo piú tardi e il vero e proprio presente si può dire che non è ancora giunto».

E ancora:

«In Marx scompare anche ciò che in Hegel vi era di vecchio [...]. Il *Totum* reale e il suo sostrato realmente universale diviene solo ora altrettan-

1. Il primo brano è tratto dal *Principio-speranza*; il secondo dalla raccolta *Dialettica e speranza*, 1967.

to ben individuabile: *materia processuale* e dialettica, *mantenuta aperta*. Tale materia non riduce l'essenza fondante ad un essere-stato e neppure ad una sostanza presente fin dal principio e per cosí dire dovunque bell'e pronta. La materia dialettica non è affatto quella immutabile del materialismo meccanicistico, un blocco, con quell'aggettivo ornamentale "dialettico", che gli ferirebbe appena la scorza, per non parlare di una trasformazione. Il *Totum* della materia dialettica non sta nell'orizzonte del passato come l'hegeliano spirito rammemorante, ma neppure come la materia meccanicistica dai tempi di Democrito in poi - bensí nell'orizzonte del futuro».

«Con un balzo verso il nuovo, di cui la storia non presentava sino ad ora esempio, comincia per mezzo di Marx - con la continuazione e insieme il superamento di Hegel - la trasformazione della filosofia in filosofia della trasformazione del mondo. La filosofia non è piú filosofia *se non è dialettico-materialistica*, ma [...] *il materialismo dialettico non è tale se non è filosofico*, cioè se non procede in vasti aperti orizzonti».

La affermazione di Bloch secondo la quale «la filosofia non è piú filosofia se non è dialettico-materialistica» lascia in chi scrive, e che pur si professa materialista storico e dialettico, qualche perplessità. Esporremo tali perplessità nella seconda appendice, che chiude il nostro volume, e che è dedicata appunto a «Osservazioni critiche sui metodi dialettico-materialistico e storico-materialistico».

# II. OSSERVAZIONI CRITICHE SUI METODI DIALETTICO-MATERIALISTICO E STORICO-MATERIALISTICO

## 1. La rilevanza dialettica del metafisico Cantor

«La teoria generale degli insiemi [...] appartiene in profondità alla metafisica [...] [c'è un] legame indissolubile tra metafisica e teologia».

Georg Cantor fa questa affermazione in una sua lettera del febbraio 1890 a padre Thomas Esser (in Roma). Cantor «non condivideva il disprezzo con il quale la scienza miscredente tratta i filosofi cristiani [...]. Mi interrogò sulla dottrina degli scolastici relativa a tale problema» (quello dell'infinito attuale). Cosí Constantin Gutberlet nel suo necrologio di Cantor del 1919. Gutberlet lo rinviò a sant'Agostino; il maestro del Gutberlet, padre Franzelin, poi cardinale, «difendeva l'insieme infinito attuale nella conoscenza di Dio», fondandosi sulla «esplicita dottrina» del grande padre della Chiesa.

Proseguendo nella lettura della missiva a padre Esser, siamo colpiti dal grande impegno di Cantor per convincere il suo interlocutore della rilevanza teologica della sua teoria del transfinito.

«Ogni errore in metafisica implica sempre il piú generale pericolo di un suo insinuarsi nel campo teologico [...] ''*Error in creaturis induit in divinorum errorem*'' [Un errore nelle cose create induce errore relativamente alle cose divine] (san Tommaso).

«Se per esempio si potesse stabilire come del tutto sicuro e certo che poggia su di un evidente errore (nel quale già Aristotele è incorso) la dottrina fino ad oggi cosí generalmente trasmessa sull'infinito attuale *in creaturis* (e precisamente che esso non sia possibile né metafisicamente né fisicamente), allora non ci sarebbe da stupirsi se venissero fuori quasi da soli errori presenti nella teologia sistematica corrente (che non è fatta assolutamente dai segreti e dalle verità della fede che sono intangibili). Voglio chiarire sopra un semplice esempio quello che penso dicendo cosí. Dice *Sap*(ientia) XI, 21: "hai disposto tutto in peso, numero e misura". Non è qui scritto "in numero finito". Se dunque i numeri cardinali transfiniti e i tipi ordinali transfiniti si dimostrano non contraddittori, allora *anche* essi sono *compresi* in quel *pensiero* di quel passo, ed esso non può quindi piú essere utilizzato come argomento contro i "numeri infiniti", come purtroppo avviene da parte di molti».

La conclusione di Cantor è molto esplicita:

«Viene da me *offerta* alla *filosofia cristiana* per la prima volta la vera dottrina dell'infinito nei suoi princípi. So con piena sicurezza e determinazione che essa accoglierà questa dottrina: è soltanto da vedere se ciò accadrà già adesso o soltanto dopo la mia morte» [i corsivi sono miei].

Georg Cantor offre la sua grande scoperta scientifica non alla filosofia in generale, ma alla «filosofia cristiana»; i suoi corrispondenti piú comprensivi, quelli che non lo respingono come farà la matematica accademica fino alla sua morte, sono teologi, pensatori metafisici. Si tratta, almeno in parte, almeno *in forma inconsapevole*, di una richiesta di soccorso (da qualunque parte essa venga) di un pensatore appassionato, avversato e isolato nel suo ambiente naturale? In qualche argomentazione (come quella sopra trascritta) forse sí, senza nessuna offesa alla alta personalità morale dello scopritore del transfinito: nel fondo, però, Cantor era un metafisico convinto, non meno del suo amico Constantin Gutberlet. Era senza dubbio d'accordo con lui quando egli affermava che «è falso che il pensiero crei in nessun caso il suo oggetto [...]. Ciò che è possibile, è necessariamente ed eternamente possibile e pensabile, e non può, come tale, divenire»: ciò che è possibile deve essere tale da sempre, per sua essenza. Perfino lo «Spirito infinito, che può porre in esistenza sostanze (materiali) senza fine, non può creare un intellegibile, una nuova possibilità».

Cardinali infiniti e tipi ordinali transfiniti *sono*, per Cantor, oggetti mentali che hanno una loro esistenza necessaria e immutabile in un mondo delle idee concepito come lo concepiva Platone: sopramondo di entità razionali ben identificate, che *sono*, e saranno in *aeternum* quello che sono state *ab aeterno*.

La scienza del transfinito è scienza oggettiva ideale che va al di là di ogni esperienza fisica, spaziale, temporale, che «appartiene in profondità alla metafisica»: a una scienza suprema dell'*essere*.

«Per il metafisico le cose e le loro immagini riflesse nel pensiero, i concetti, sono oggetti isolati di indagine, da considerarsi successivamente e indipendentemente l'uno dall'altro, fissi, rigidi, dati una volta per sempre. Egli pensa per antitesi assolutamente immediate; il suo parlare è: sí, sí; no, no. Quello che c'è di piú viene dal maligno. Per lui, una cosa esiste o non esiste; ugualmente è impossibile che una cosa nello stesso tempo sia se stessa e un'altra. Positivo e negativo si escludono reciprocamente in modo assoluto; causa ed effetto stanno del pari in rigida opposizione reciproca [...]. La maniera metafisica di vedere le cose, giustificata e perfino necessaria in campi la cui estensione è piú o meno vasta a seconda della natura dell'oggetto, tuttavia, ogni volta, urta prima o poi contro un limite, al di là del quale diventa unilaterale, limitata, astratta e si avvolge in contraddizioni insolubili, giacché, per le cose singole, dimentica il loro nesso, per il loro essere, dimentica il loro sorgere e tramontare, per il loro stato di quiete, dimentica il loro movimento; giacché, per vedere gli alberi, non vede la foresta».

Queste frasi famose di Friedrich Engels furono pubblicate nella prefazione del suo *Antidühring*, il volume che raccoglie gli articoli contro la filosofia e la concezione del socialismo di Eugen Dühring, libero docente all'Università di Berlino, che apparvero dal 3 gennaio 1877 al 7 luglio 1878 sul *Vorwärts* (Avanti), organo centrale del Partito socialdemocratico tedesco.

Esattamente nel 1877, Georg Cantor pubblica una sua memoria fondamentale sull'infinito attuale, nel *Journal fur Mathematik* di Berlino, intitolata: *Ein Beitrag zur Mannigfaltigkeitslehre* (Un contributo alla teoria degli insiemi). Nello stesso paese, nella stessa città, nello stesso anno, mentre Engels dimostrava la inadeguatezza scientifica della impostazione metafisica, Cantor otteneva uno dei piú grandi progressi di pensiero del secolo professando una filosofia e un metodo dichiaratamente metafisici.

Se vogliamo essere buoni allievi di Engels, ed io personalmente considero il compagno di Marx uno dei miei grandi maestri, dobbiamo applicare il pensiero di Engels anche al pensiero di Engels. Non dobbiamo ragionare per «antitesi assolute e immediate», il nostro parlare non deve essere «sí, sí; no, no». Non dobbiamo attribuire valore assoluto neppure alle affermazioni di Engels; e questo significa, senza contraddizione dal punto di vista di una filosofia dialettica, riconoscere i limiti della dialettica e non solo quelli della metafisica, e comprendere il valore positivo che può avere *anche* una impostazione metafisica nella scienza. Non diremo perciò che aveva ragione *aut* Engels, *aut* Cantor: avevano ragione *tanto* Engels *quanto* Cantor.

Cantor era mosso da motivazioni ontologiche, anzi, a quanto abbiamo visto, addirittura teologiche, nel chiedersi se l'infinito attuale fosse una categoria intellegibile da ammettere o da respingere. Concependo gli insiemi infiniti (e finiti) in senso realistico-platonico, come dati fissi e immutabili di ragione, Cantor riesce a confrontarli, a classificarli, superando antinomie classiche, col ridurle a paradossi. La sua «maniera metafisica di vedere le cose urta» a un certo punto contro un limite. Lo abbiamo visto nell'ultimo capitolo della sesta parte («Costruibile e pensabile»): la risposta alla ipotesi del continuo, non potendo essere «sí, sí; no, no», è preclusa al grande pensatore che ha posto la domanda.

È anche vero che la impostazione filosofica di Cantor lo conduce a una «contraddizione insolubile» nell'ambito del pensiero metafisico: la antinomia della «classe totale» che Cantor stesso vede ma non risolve. Engels, quindi, ha ragione se si considerano i tempi lunghi di sviluppo del pensiero; ha ragione però Cantor se si fissa l'attenzione su di un problema circoscritto, quello dei cardinali e degli ordinali transfiniti.

Io ritengo che *sempre* l'indagine scientifica, e in particolare la ricerca matematica, implichi un certo grado di «sí, sí; no, no», di definizioni e separazioni nette e unilaterali, da accettare entro limiti ben circoscritti, e da criticare invece da un dato livello in poi. Qui però il problema che pongo, nell'ambito della filosofia materialistico-dialettica, è piú circoscritto, ed è quello del non esaurimento della fecondità scientifica delle motivazioni metafisiche. Il filosofo materialista e dialettico deve, a mio avviso, appunto perché dialettico, prestare una costante attenzione critica (ma l'aggettivo critico è talmente ovvio da apparire addirittura superfluo) ai problemi che vengono posti al di fuori della dialettica materialistica, da altre filosofie, che pur egli giudica parziali e unilaterali, si tratti dell'operativismo empiristico, del razionalismo formalistico, o, appunto, della metafisica alla ricerca dei Princípi, dell'Essere, del Tutto. Abbiamo cercato di far ciò nella prima appendice, prendendo sul serio, sull'esempio del grande marxista critico Ernst Bloch, alcuni indirizzi del pensiero teologico moderno e contemporaneo, alcuni approcci al problema della Totalità, che il pensatore marxista e dialettico non può accantonare e rimuovere, anche se non si tratta di problemi che nascono dall'interno della sua tematica e della sua metodologia. La superiorità del metodo dialettico-materialistico è insomma da vedere nella capacità che esso dà di superare i limiti di altri metodi e di altre impostazioni, il che accade in modo serio e valido solo se di essi si coglie il nucleo razionale e l'ambito di validità.

## 2. Le richieste della produzione e l'astuzia della ragione scientifica

È vero, o no, «che la scienza moderna sia essenzialmente produzione di strumenti di lavoro, sia pure formali, che la società produce per i suoi fini», come sostengono Carlo Boldrighini e Federico Marchetti nello scritto «Lo sviluppo della matematica alla fine del secolo XIX: il problema dei fondamenti e la formalizzazione hilbertiana»[1]?

La risposta che do oggi a questo interrogativo, centrale nel dibattito dei nostri anni sui rapporti scienza-società, è: *in definitiva, sí, ma soltanto in definitiva*. «Alla base della rivoluzione scientifica», e, aggiungo io, alla sua conclusione, sono «evidenti le ragioni oggettive, e cioè inerenti allo sviluppo della società e del ruolo della scienza in essa», della rivoluzione scientifica stessa. Ma la via della rivoluzione scientifica è molto tortuosa, il rapporto tra gli inizi e gli esiti è spesso, per non dire sempre, indiretto. La potente Germa-

1. Vedi il volume di piú autori, *Matematica e fisica-struttura e ideologia*, a cura di E. Donini, A. Rossi, T. Tonietti. Le citazioni che seguono sono dallo stesso scritto.

nia di Bismarck e dei due Guglielmi «investe notevoli somme nello sviluppo delle attrezzature universitarie e, successivamente, fonda istituti specializzati preposti al collegamento tra ricerca e produzione». «L'esigenza di unificare e di controllare la cultura giunge in Bismarck a livelli estremi, [...]. Vengono cosí accentrate a Berlino, nel ministero e nell'Università di Berlino, le funzioni di orientamento e di controllo dell'insegnamento e della ricerca di tutte le università nazionali». Georg Cantor, benché lo desideri e lo chieda insistentemente, non sarà mai chiamato all'Università di Berlino. Come docente universitario, resta relegato nella piccola Università di Halle (Wittenberg), dove è nominato professore straordinario nel 1872, professore ordinario nel 1879, e dove morirà, sofferente per gravi turbe nervose e mentali, nel 1918.

La cosa non stupisce, nel quadro descritto da Boldrighini e Marchetti. «La nuova classe dirigente [...] perfettamente cosciente che lo sviluppo dell'economia industriale passa attraverso lo sviluppo tecnologico e che nel favorire questo sviluppo la scienza gioca un ruolo fondamentale», non vede certamente, anche nei suoi organizzatori scientifici, quale contributo possano dare le teorie metafisiche e non costruttive del filosofo della matematica Georg Cantor al «necessario decollo economico del paese». E invece, se pure attraverso un percorso, lo ripetiamo, assai tortuoso, *è dalla metafisica non costruttiva* della teoria generale degli insiemi *che avranno, alla lunga, origine la matematica costruttiva e operativa delle macchine calcolatrici*. Diamo, soltanto per punti, la linea storica di pensiero che giustifica un'affermazione che può sembrare paradossale.

I transfiniti di Cantor aprono una crisi dei fondamenti, che impone tra l'altro una definizione rigorosa di cosa significhi *costruibile*. Senza quella crisi, non vi sarebbe stato lo sviluppo delle teorie della computabilità, della ricorsività, della traducibilità o meno in procedimenti automatici di concetti e calcoli (macchine di Turing). Senza gli accennati sviluppi matematici teorici del costruttivismo filosofico, non sarebbe stato possibile al matematico-ingegnere e all'ingegnere-matematico costruire *computers*. Il grande Poincaré, quando dall'alto della sua saggezza di matematico costruttore irrideva la «logistica», aveva torto, era cattivo profeta. La metafisica di Cantor, alla lunga, avrebbe contribuito al decollo di una nuova rivoluzione tecnico-scientifica piú del pragmatismo convenzionalistico di Poincaré.

La «storia interna» della ricerca scientifica, quella che va da idea a idea, da ricercatore a ricercatore, da «memoria» a «memoria», non dà certamente ragione dello sviluppo globale della scienza, che è, in definitiva, determinato dalla «storia esterna», dalle esigenze della produzione e dell'organizzazione della società.

Determinato però sempre in definitiva, *in ultima istanza*, come sempre precisava Antonio Labriola quando parlava della dipendenza delle sovrastrutture dalla struttura. La complessità del rapporto scienza-società, che è tutta particolare, risiede nel carattere bifronte della scienza teorica, che è influenzata, e non può non esserlo, da filosofie di tipo ideologico (materialismo meccanico, operativismo, idealismo, e cosí via); che è però, se pure dentro involucri ideologici caduchi, *anche conoscenza non caduca* di fenomeni e processi, nella natura e nel pensiero.

Il problema, che mi sembra essere ormai logoro, della *neutralità* e *non neutralità* della scienza, che è esploso nella contestazione del 1968 e che ha dominato un decennio di dibattiti, è fondato su di una parola inadeguata: «neutralità». Inadeguata, e ideologica, cioè relativa alle intenzioni e non ai processi reali. La parola giusta mi sembra un'altra, ed è *autonomia*. E la risposta al quesito *se la scienza sia o no autonoma* è, ancora una volta, una risposta dialettica. L'autonomia della scienza esiste, ma è (e come potrebbe non essere?) un'autonomia relativa. La ricerca scientifica è collegata con le vicende e la struttura globale della società nella quale si svolge, ma può introdurre e introduce in quelle vicende e in quella struttura elementi originali, specifici, creativi. Condizionato, e in ultima analisi determinato, il pensiero scientifico è a sua volta condizionante e determinante: dal suo interno possono nascere, sono nati, nascono e nasceranno critiche alle ideologie dominanti, quali furono la critica segreta di Archimede e quella arditamente pubblica di Galileo al divieto aristotelico di usare l'infinito in atto, e di parlarne.

# INDICE DEI TERMINI DEFINITI *


antimonia, 52
AS (assioma della scelta), 118
assioma, 115

baricentro, 26
bene ordinato (b.o.), 74
bidimensionale, 27

calcolo differenziale (o infinitesimale), 30
cardinalità, 53
classe totale, 89
continuo, 12
continuo lineare, 11
coordinata, 54
coppia ordinata, 56
corrispondenza biunivoca, 44, 50
corrispondenza univoca, 50, 73

denso (numero), 62
discreto, 11

elemento-limite, 77
eliocentrico, 29
*entelechia*, 16
equidimensionale, 59
equipotenza, 50
equivalenza, 50
estensione, 87

finitamente generabile, 103
frazione irriducibile, 62
funzione caratteristica (f.c.), 68
fuoco, 25

IGC (ipotesi del continuo generalizzata), 118
indivisibili, 12
infinitesimo, 34
infinito assoluto, 12
infinito in atto, 11
infinito attuale, 17
infinito intermedio, 82
infinito potenziale, 9
insieme, 47
insieme potenza, 79
ipotesi, 80

metalinguaggio, 110
metamatematica, 15
metodo degli indivisibili, 28
metodo di esaustione, 22
metodo ipotetico deduttivo, 115
metodo meccanico, 28
minimo assoluto, 75

NGB (sistema Neumann-Gödel-Bernays), 116
numerabile, 60
numerazione binaria (o in base due), 66
numero cardinale, 50, 72
numero irrazionale, 40, 54
numero ordinale, 72
numero periodico, 39
numero razionale, 54
numero reale, 54


* Il numero si riferisce alla pagina in cui è spiegato il termine.

paraboloide, 25
paradosso, 40, 52
postulato, 16
potenza del continuo, 65
potenza del numerabile, 60
procedimento deduttivo, 114

quanti, 30

semantica, 107
similitudine, 74
singoletti, 102

teleologia, 123
teologia, 123
teoria assiomatica, 115
teoria dei limiti, 40
tesi, 80
tipo ordinale, 74
transfinito, 64

unidimensionale, 28
univoco, 50

ZF (sistema Zermelo-Fraenkel), 116

## INDICE DEI NOMI

Achille, 38, 39, 40, 67
Agostino, santo, 17, 132
Alighieri Dante, 16, 32
Anselmo d'Aosta, 13, 124, 125
Archimede, 18, 20, 22, 23, 24, 25, 26, 27, 28, 29, 31, 32, 139
Ariosto Ludovico, 106
Aristotele, 7, 13, 14, 15, 16, 17, 18, 38, 45, 52, 132

Barth Karl, 125, 129
Belloni Lanfranco, 31
Bernays Paul, 116, 117
Beth E. W., 88
Bismarck Otto, 137
Bloch Ernst, 123, 129, 130, 131, 136
Boldrighini Carlo, 136, 137
Bolzano Bernhard, 37, 40, 46, 47, 89
Borel Emile, 94
Borges Jorge Luis, 92, 105, 106, 111, 112, 114
Brouwer Jan, 99
Burali-Forti Cesare, 89, 90, 98, 103, 116, 125

Calvino Giovanni, 128
Cantor Georg, 12, 24, 41, 48, 49, 50, 52, 54, 59, 60, 64, 65, 66, 68, 70, 72, 75, 79, 80, 82, 88, 89, 90, 94, 98, 101, 103, 106, 107, 110, 111, 114, 116, 117, 118, 119, 120, 123, 125, 127, 132, 133, 134, 135, 137, 138
Castelnuovo Guido, 106
Cavalieri Bonaventura, 24, 28, 29, 30, 31, 32, 34, 42, 43
Cervantes Miguel de, 112, 113
Cohen Paul, 71, 117, 118, 119, 120

Darwin Charles, 124
Dedekind Richard, 12, 41, 47, 48, 54, 64, 65, 98
Democrito, 18, 20, 21, 22, 24, 32
Diogene, 38
Donini E., 136
Dühring Eugen, 134

Einstein Albert, 106, 107
Eneström Gustav, 60, 80
Engels Friedrich, 134, 135
Enriques Federigo, 21, 54, 74
Eratostene, 20, 22, 26, 28
Esser Thomas, 132
Euclide, 13, 21, 28, 79, 114, 115, 117, 119
Eudosso di Cnido, 20, 22, 24

Fraenkel Abraham Adolf Halevi, 116
Frege Gottlob, 84, 87, 116, 132

Galilei Galileo, 17, 18, 19, 24, 28, 29, 32, 33, 37, 42, 43, 44, 46, 47,

52, 53, 59, 119, 120, 121, 129, 138
Gödel Kurt, 101, 116, 118, 119, 120
Guldino Paolo, 31
Gutberlet Constantin, 132, 133

Hale Robert, 128
Hegel Georg Wilhelm Friedrich, 12, 128, 130, 131
Heiberg Johan Ludvig, 28
Hilbert David, 97, 100, 101

Kant Immanuel, 60, 80, 81, 90, 123

Labriola Antonio, 138
Leibniz Gottfried Wilhelm, 30, 34
Leopardi Giacomo, 9, 126

Magritte René, 53
Marchetti Federico, 136, 137
Marx Karl, 130, 131, 134
Moltmann Jürgen, 123, 124, 129, 130

Neumann Janos von, 103, 104, 116, 117, 118
Newton Isaac, 30, 34

Orlando, 106

Parmenide, 128
Pascal Blaise, 123, 127
Peano Giuseppe, 103
Platone, 22, 133
Poincarè Henri, 83, 138
Proclo, 13

Rahner Karl, 128
Richard J., 95, 105, 112, 113
Rossi A., 136
Russell Bertrand, 81, 83, 84, 85, 86, 87, 90, 98, 101, 102, 103, 104, 116, 125

Saccheri Girolamo, 71

Teilhard de Chardin Pierre, 128, 129
Tertulliano, 126
Tommaso d'Aquino, 13, 14, 18, 132
Tonietti T., 136
Torricelli Evangelista, 24, 28, 29, 30, 31, 34

Wallis John, 30, 34
Weierstrass Karl, 40, 41

Zavattini Cesare, 8
Zenone di Elea, 38, 41
Zermelo Ernst, 100, 116

## Collana Leonardo

- Vittorio Silvestrini, *Guida alla teoria della relatività*
- Vittorio Silvestrini, *Che cos'è l'entropia*
- Paolo Toni, *Scintille matematiche*
- Paola Monari (a cura di), *Giochi d'azzardo e probabilità*
- Carlo Bernardini, *Che cos'è una legge fisica*
- Rudy Rucker, *La mente e l'infinito*
- Lucio Lombardo Radice, *L'infinito*
- Lucio Lombardo Radice, *La matematica da Pitagora a Newton*
- John D. Bernal, *Storia della fisica*
- L. Landau, A. Kitaigorodskij, *La fisica per tutti*
- Jean Perrin, *Gli atomi*
- Ermanno Bencivenga, Alessandro Giuliani, *Filosofia chimica*
- Luigi Cerruti, *Bella e potente. La chimica dagli inizi del Novecento ai giorni nostri*
- David Tall, *Imparare a pensare matematicamente*
- Colin Stuart, *La fisica in 100 numeri*
- Ian Ridpath, Wil Tirion, *Stelle e pianeti. La guida astronomica più completa al sistema solare e alle galassie*
- Pietro Greco, *L'origine dell'Universo*
- Daniel Fleisch, *Guida alle equazioni di Maxwell*
- D. Fleisch, L. Kinnaman, *Guida allo studio delle onde*
- Daniel Fleisch, *Guida allo studio dei vettori e tensori*
- Johnny Ball, *Breve storia delle meraviglie matematiche*
- D. Fleisch, *Guida alle equazioni di Schrödinger*
- D. Fleisch, J. Kregenow, *Guida allo studio della matematica per l'astronomia*

MISTO
A sostegno della gestione forestale responsabile
FSC® C135333

Finito di stampare nel mese di ottobre 2022 dalla Tipolitografia
CSR Via di Salone, 131/C - 00131 Roma - Tel. 064182113